贯彻落实习近平生态文明思想，坚持把绿色作为高质量发展的普遍形态，树牢

绿水青山就是金山银山的理念，坚持生态优先、绿色发展。

大规模植树造林，开展国土绿化，构建宁静、和谐、美丽的自然环境；推动区

域流域协同治理，全面提升生态环境质量，建成新时代的生态文明典范城市。

——河北雄安新区总体规划（2018—2035 年）

雄安设计专业丛书

高质量发展的
雄安之道

绿色城市　美丽家园
——雄安郊野公园规划与建设

（上册）

河北雄安新区规划研究中心
河北雄安新区管理委员会自然资源和规划局　　编著
河北雄安新区管理委员会建设和交通管理局

天津大学出版社
TIANJIN UNIVERSITY PRESS

本书编委会

编委会主任

安庆杰

编委会副主任

王志刚　葛　亮　侯斌超

编委会委员

杨　松　苗　强　荆　涛　黄庆彬　王　哲　王海乾

简　正　曹　宇　张　岩　果　靖　罗婷文　任福亮

顾问

张玉鑫

执行主编

刘波涛　伊　然　李　雷　李　彤

执行副主编

厉　超　郭　浩　谭小玲

内容统筹（按拼音首字母排序）

高志雄　裴昊斐　田小敏　吴　润　谢　宇　袁　冬

杨中文　张中华

技术支撑（按拼音首字母排序）

窦占续　郭里恒　孔宪琨　李正晖　刘　洋　刘占强

吕海涛　麻广睿　牛涵爽　吴亚萍　曾　波　张建涛

张　曦　张晓彤　张　硬　张志学　周　游

著作权人

河北雄安新区规划研究中心

参与单位

北京北林地景园林规划设计院有限责任公司

天津市城市规划设计研究总院有限公司

前 言

INTRODUCTION

规划建设雄安新区，以习近平同志为核心的是党中央深入推进京津冀协同发展作出的一项重大决策部署，对于探索人口经济密集地区优先开发新模式，调整优化京津冀城市布局和空间结构，培育创新驱动发展新引擎具有重大现实意义和深远历史意义。

按照党中央、国务院对《河北雄安新区规划纲要》《河北雄安新区总体规划（2018—2035年）》的批复精神，雄安新区牢固树立和贯彻落实新发展理念，按照高质量发展根本要求，着眼建设北京非首都功能疏解集中承载地，创造"雄安质量"，打造推动高质量发展的全国样板，建设现代化经济体系的新引擎，坚持世界眼光、国际标准、中国特色、高点定位，坚持生态优先、绿色发展，坚持以人民为中心，注重保障和改善民生，坚持保护和弘扬中华优秀传统文化，延续历史文脉，推动新区实现更高水平、更有效率、更加公平、可持续发展的目标，建设成为绿色生态宜居新城区，创新驱动发展引领区，协调发展示范区、开放发展先行区，努力打造贯彻落实新发展理念的创新发展示范区。

根据《河北雄安新区规划纲要》和《河北雄安新区总体规划（2018—2035年）》确定的总体目标和发展部署，雄安新区坚持一张蓝图干到底，坚持把绿色作为高质量发展的普遍形态，践行习近平生态文明思想，贯彻落实绿水青山就是金山银山的理念，尊重自然、顺应自然、保护自然，统筹城、水、林、田、淀、草的系统治理，统筹生产、生活、生态三大空间，构建蓝绿交织、清新明亮、疏密有度、水城共融的城市空间布局，营造宁静、和谐、美丽的自然环境，全面提升生态环境质量，建成新时代的生态文明典范城市；塑造城市特色风貌，坚持中西合璧、以中为主、古今交融，弘扬中华优秀传统文化，保留中华文化基因，体现中华传统经典建筑元素，彰显地域文化特色，体现文明包容；加强城市设计，围绕功能定位，强化分区引导，形成具有中华风范、淀泊风光、创新风尚的新区风貌；塑造高品质城区生态环境，以城市森林、组团隔离带、生态廊道网络为载体，结合城市组团布局、各级公共中心和开放空间，因地制宜地设计丰富多样的景观环境，实现城市功能和景观环境的相互渗透和有机融合，注重人性化、艺术化设计，打造优美、安全、舒适、共享的城市空间景观体系，提升城市空间品质与文化品位，实现城中有园、园中有城；继承华北地区平原建城智慧，按照传承历史、开创未来的设计理念，构建绿色为底、功能多元、风貌协调、布局灵动、特色鲜明、文化内涵深厚的城市开放空间。

按照《河北雄安新区总体规划（2018—2035 年）》《河北雄安新区绿色空间专项规划》的内容要求，雄安郊野公园北起南拒马河，南至容东城市组团，西起贾光，东至京雄高速，位于雄安新区"一淀、三带、九片、多廊"的生态安全格局中"三带"的"环新区绿化带"、"九片"的"南拒马林地斑块"，总面积约为 17.87 平方千米（2.68 万亩）。雄安郊野公园的建设是对新区生态安全格局的具体落实，其承担着生态涵养、自然保育、科普教育和生态休闲功能。根据中共中央、国务院关于高起点规划、高标准建设雄安新区的总体部署和要求，在河北省委、省政府的坚强领导下，雄安新区管委会认真组织开展雄安郊野公园的总体规划、控制性详细规划和设计方案的研究和编制工作，汇聚全国行业领军人物和知名设计机构，集思广益、众规众创，按照"统一总体规划、统一质量标准、各市分片负责"的要求，采取"1+14"的组织架构模式，完成雄安郊野公园总体规划设计、控制性详细规划设计和 14 片城市森林及核心展园详细规划设计。

"1"是指雄安郊野公园的总体规划编制单位。其主要工作内容包括：一是编制郊野公园总体规划设计方案，明确总体布局、风貌意象、功能分区、植物分区等总体要求，制定各市任务书，明确河北指标要求；二是作为总规划师单位统筹协调各城市林的规划设计工作，确保各城市林的规划设计符合总体规划要求。

"14"是指 14 个城市林及展园的详细规划设计编制单位。其主要工作内容是按照雄安郊野公园总体规划，遵循"独立成章、特色突出"的工作要求，编制 14 个城市林（每片规模 40～100 公顷）及展园的详细规划设计方案；结合总体规划，细化城市林空间格局，科学规划慢行交通系统、场地竖向空间、休闲游憩场地、公共服务设施、水电基础设施等；深度挖掘各城市历史文化资源和自然风貌特征，通过提炼特色符号、元素等方式，明确各城市展园亮点，形成具有鲜明地域特色的高品质城市展园，做到"一市一图一方案"，充分展现各市地域特色、人文特色，确定建筑风貌、植物品种、质量标准等。

按照高起点规划、高标准建设、高质量发展的要求，为及时做好工作总结，加强对雄安新区高品质生态环境的建设指导，向全社会展示河北省绿化成果和新区郊野公园规划建设成果，形成可推广、重实践、追求文化艺术和地方特色的成果总结，发挥样板示范作用，创造"雄安质量"，本书编委会集中整合、编写了雄安郊野公园规划与建设成果，编写工作严格按照有关规定执行。

"绿色城市 美丽家园——雄安郊野公园规划与建设"丛书分为上册和下册。上册内容为雄安郊野公园总体规划、控制性详细规划及 14 个城市展园、城市林的方案设计成果。下册内容为雄安郊野公园建设、开园运营全过程记录及经验总结等。上册第 1 章简述雄安郊野公园规划建设的工作背景；第 2 章记录公园范围内的原始情况和乡愁记忆；第 3 章介绍雄安郊野公园总体规划及控制性详细规划；第 4 章梳理 14 个城市展园、城市林设计成果；第 5 章全过程记录规划公示、报批过程；第 6 章总结归纳规划设计经验。下册第 1 章概述雄安郊野公园建设模式；第 2 章讲述 14 个地市共同的建设经历；第 3 章介绍打造"雄安质量"的相关要求；第 4 章记录开园运营盛况；第 5 章介绍雄安郊野公园后期运营维护；第 6 章总结雄安郊野公园建设经验；第 7 章通过实景影像展现雄安郊野公园建成效果。

在雄安新区这座正在崛起的千年之城北部，一道生态屏障已经建成，守护着城里的协调与和谐，这里已然成为人们亲近自然、休闲娱乐、陶冶情操的好去处，使人们拥有更多的幸福感和获得感。雄安郊野公园已成为雄安新区北部的一颗更为耀眼的绿宝石，为雄安这幅城绿交融、林水相依的中国画卷增添浓墨重彩的一笔。

鉴于笔者眼界和水平，疏漏之处敬请读者不吝指教。在此，一并感谢所有参与、参加此项工作的单位、个人以及领导、专家和社会各界！

编者

2023 年 3 月

定州林

西边界路

张家口林

邯郸林

邢台林

目 录

CONTENTS

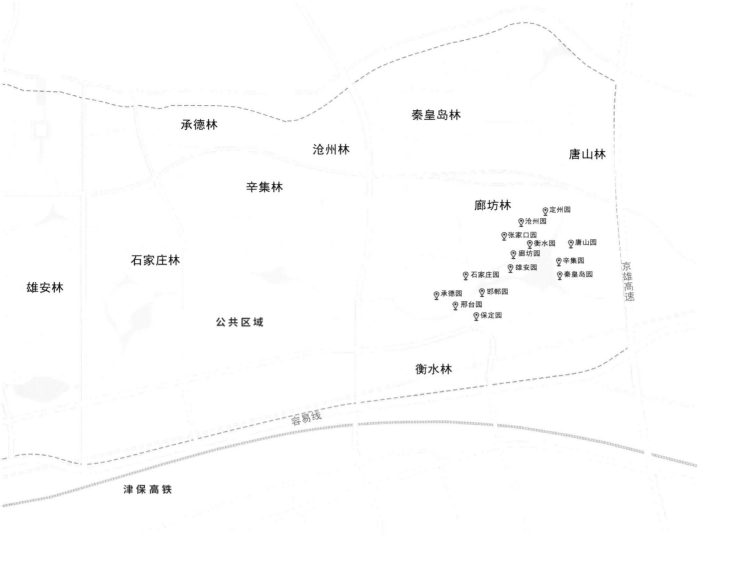

承德林

秦皇岛林

沧州林

唐山林

辛集林

廊坊林

石家庄林

雄安林

公共区域

衡水林

容易线

津保高铁

定州园
沧州园
张家口园
衡水园
廊坊园
唐山园
石家庄园
雄安园
辛集园
承德园
邯郸园
秦皇岛园
邢台园
保定园

京雄高速

1

CHAPTER 1

第 1 章

雄安的郊野故事

1.1
超前谋划 精心筹备

2019 年 7 月 29 日，河北省委召开雄安新区规划建设工作领导小组专题会议，决定申办 2025 年第五届中国绿化博览会（以下简称"第五届绿博会"）、2027 年世界园艺博览会，高质量建设雄安郊野公园，进一步提升雄安新区"千年秀林"建设水平，建设新时代生态文明典范城市。8 月 22 日，河北省委主要领导专题听取了雄安郊野公园建设工作汇报，明确提出雄安"一淀、三带、九片、多廊"的生态建设格局，决定举全省之力高质量建设雄安郊野公园。8 月 26 日，河北省政府领导专程到国家林业和草原局，就雄安新区申办 2025 年第五届绿博会和 2027 年世界园艺博览会工作进行了专题汇报。国家林业和草原局主要负责同志对河北省委、省政府主要领导高度重视国土绿化工作，大规模开展植树造林，扎实推进冬奥会绿化和雄安新区千年秀林建设给予高度评价，原则上同意，并全力支持在雄安新区举办 2025 年第五届绿博会和 2027 年世界园艺博览会。

2020 年 6 月 16 日，河北省人民政府正式致函国家林业和草原局，申请由雄安新区承办 2025 年第五届绿博会，并承诺认真学习、借鉴历届绿博会的成功经验及优秀做法，超前谋划、精心筹备，采取有力措施，全力以赴做好绿博会各项筹展工作，确保将 2025 年第五届绿博会办成一届有创意、高品质、独具特色、影响深远的绿色盛会。2021 年 6 月 3 日，全国绿化委员会致函河北省人民政府，同意 2025 年在河北雄安新区举办第五届绿博会。

规划建设雄安郊野公园是河北省委、省政府贯彻落实习近平总书记关于雄安新区规划建设"先植绿、后建城"重要指示的具体实践，是举全省之力打造绿色生态宜居新城区、建设生态文明典范城市的重要举措。雄安郊野公园的建成，为 2025 年第五届绿博会的顺利举办奠定了扎实的绿色基底，积累了丰富的建设经验。

1.2

和衷共济 共建绿心

1. 高标准规划设计雄安郊野公园

雄安新区聘请国内曾参加历届世园会、绿博会、园博会规划设计的一流专业机构编制完成了雄安郊野公园总体规划设计和实施方案。雄安郊野公园位于容东片区北侧、南拒马河南侧、京雄高速西侧，"中轴线"纵贯南北，是雄安新区北部的绿色生态门户，重要的森林生态屏障。雄安郊野公园总规模 17.87 平方千米，由 14 个城市森林、城市园和水系、路网等组成。郊野公园建设区域分东西两部分，分别为雄安郊野公园配套服务区和 2025 年第五届绿博会建设区域。雄安郊野公园配套服务区由以河北省内 11 个地级市及定州市、辛集市、雄安新区等命名的 14 个特色核心城市展园构成，集中布局在东部邻近京雄高速的区域，沿东湖水系而建，以东湖为中心，形成"一湖四片"组团式的结构布局，展园建筑总面积 14 万平方米，占地 19.73 万平方米。西部为 2025 年第五届绿博会建设区域，规划面积约 320 万平方米，集中布置在西部滨水区域。

2. 举全省之力加快推进雄安郊野公园建设

在国家林业和草原局的大力支持和河北省委、省政府的坚强领导下，全省各市党委政府、各有关部门克服新冠肺炎疫情（以下简称"疫情"）带来的不利影响，坚持做到疫情防控和雄安郊野公园建设两不误，组织专业队伍，筹措专项资金，举全省之力高质量建设雄安郊野公园。

在建设过程中，河北省委、省政府专门印发了实施方案，明确了雄安郊野公园的建设任务目标、建设期限、建设时序和各市及省直单位的责任分工。各市市委、市政府均成立领导小组及工作专班，印发实施方案，制订工作计划，明确各市任务目标、建设期限和责任分工，筹集专项资金 40 多亿元，确保完成雄安郊野公园的建设任务。通过全省 11 个地市及辛集、定州、雄安新区两年的全力配合、共同推进，设计与建设团队成功地在雄安郊野公园内打造了各具特色的春花林、秋色林、花果林、常绿林和竹林，形成三季有花、四季常绿、两季有果、全年有景的优美森林景观，为成功举办第五届绿博会奠定了生态基底。在郊野公园的建设过程中，雄安新区始终坚持雄安质量，推进 14 个城市场馆主体建筑工程，严格按照设计施工，严格执行国家标准，选用绿色建材，突出智慧工地、工匠精神，精心打造精品展园（图 1-1）。

图1-1 雄安郊野公园风光

2

CHAPTER 2

第 2 章

乡愁记忆 前世今生

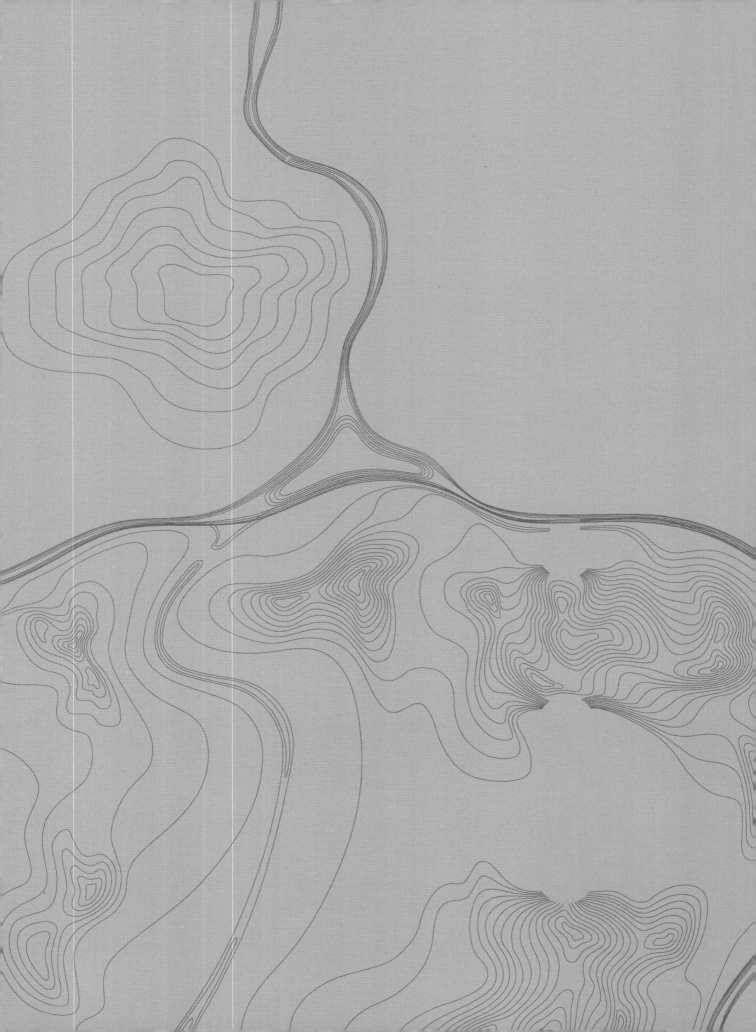

2.1

区位沿革

　　雄安郊野公园北起南拒马河右岸，南至容东组团北侧，西起贾光，东至京雄高速，区位见图 2-1。

　　郊野公园位于原八于乡境内。八于乡 1958 年属容城公社，1961 年设八于公社，1984 年改乡。八于乡津保铁路南侧部分因容东片区建设于 2019 年拆迁，津保铁路北侧部分因雄安郊野公园建设于 2020 年拆迁，居民全部迁入容西片区安置。

　　郊野公园规划范围内原有大八于村、东河村、西河村、南河照村、北河照村、大张堡村、东陈杨庄村、西陈杨庄村、南陈杨庄村、北陈杨庄村、西堼村、小南头村、大南头村 13 个行政村。

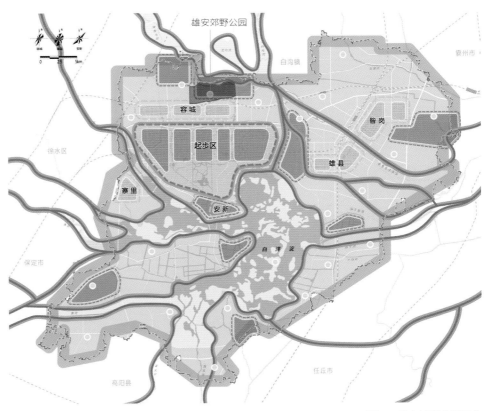

图2-1 雄安郊野公园区位

2.2

自然条件

1. 地势地貌

雄安郊野公园地处冀中平原中部，地形开阔，地势平坦（图2-2）。地势总趋势自西北向东南逐渐降低，地面高程为11~14米，自然纵坡坡降为1‰~2‰。在地貌方面，雄安郊野公园位于太行山东麓冲洪积扇前缘地带，属堆积平原冲洪积平原亚区，在微地貌上属故河道高地或微高地小区、扇上平地或缓斜地小区。地表岩性多为粉土或粉砂。

2. 气候条件

雄安郊野公园属于温带大陆性季风气候区，四季分明，温湿差异大，呈现春季干燥多风、夏季高温多雨、秋季天高气爽、冬季寒冷干燥的特征。雄安郊野公园全年主导风向为东北—西南走向，年平均风速为1.7米/秒；年平均气温为12.6摄氏度，冬夏和昼夜温差大；平均年降水量为480.3毫米，主要集中在7月—8月的雨季；年均日照时数为2 289小时，日照较为充分；年蒸发量较小，平均为1 572毫米。

3. 水文水系

雄安郊野公园周边的河流主要为南拒马河。南拒马河位于河北省中部，为拒马河的分支河流，是河北省内唯一一条不断的河流，为常年河，属海河流域大清河水系。拒马河自涞水县满金峪村北铁锁崖以下分为南北两支。南拒马河以居南而得名，流经定兴、容城两县，至高碑店市白沟镇与兰沟、白沟二河汇流后汇入大清河。其全长69千米，河宽100~200米，平均流量为15立方米/秒，最大行洪流量为4 640立方米/秒。

2.3
文脉溯源

雄安郊野公园内各类遗址的建造年代可追溯至战国时期，原有的 13 座村庄中，成村最早的西堼村建于西汉，其他村庄多建于宋代和明代。村庄名称由来各具特色，也是该地区悠久历史的见证。

大八于村在宋朝曾名西堼庄。后因宋八大王赵德芳葬于村北，并有尉守卫坟地，村名遂改为八尉。后因"尉"和"于"字同音，故八尉逐渐演变为八于。村南小八于（今南八于）村建立后，八于改称大八于，沿用至今。

东河村与西河村皆建于宋朝初年，两村紧靠古运粮河。河西为大河村，河东为小河村。解放战争时期，大河村改称西河村，小河村在西河村村东，故改名东河村。

南河照村和北河照村皆于明代建村，南河照村建村较早，因村北有一条古河道，故名大河照。明永乐年间，杨、李二姓家族由山西洪洞县迁来，南临大河照村立庄，定名小河照。解放战争时期，按照方位，大、小河照村改名为南河照村和北河照村。北河照村是明朝嘉靖年间的忠臣杨继盛的故乡。

大张堡村为明永乐年间张氏家族由山西洪洞县迁此建立的村庄，取名张堡，后村南另建一村（今南张堡），故张堡改称大张堡。

东、西、南、北陈杨庄的历史同样悠久。宋代赵德芳墓建于附近，并有驻兵守卫。后来陈姓人家在此落户，村名改为名陈家堡。以后村民繁衍，村落扩大，陈家堡改名陈家庄。明朝初年，有杨姓人家从定兴县南蔡村迁此立庄，庄名取杨家庄。解放战争时期，陈家庄与杨家庄合并，改称陈杨庄。1960 年，陈杨庄分为东、西、南、北四村。

西堼村为此片区内成立最早的村。西汉时期该村建于大沟（俗称大堼）旁，那时这一地带有三个村，即东堼、中堼、西堼。后来西堼被洪水冲毁，居民迁至中堼。中堼位于东堼之西，中堼则改称西堼，沿用至今。

此片区内还有大、小南头二村。宋八大王赵德芳墓建于西堼庄（今大八于）村北，在陈家堡（今西陈杨庄）驻兵看守。陈家堡与该村之间有一条遛马道，后有居民在此道的南头建村，因该村位于遛马道的南头，故名大南头村。小南头村建于宋朝初年，部分居民迁至此地占产立庄，又因此地紧靠大南头村，故名小南头村。

（资料来源于《雄安新区村落地名录》）

图2-2 郊野公园内村庄原貌航拍图

2.4

文物遗存与乡愁遗产

1. 文物遗存

雄安郊野公园内有县级文物遗存 2 处，未核定等级的遗存 15 处，共计 17 处文物遗存，见表 2-1。

表 2-1 17 处文物遗存

序号	名称	年代	地点	级别	面积 / 平方米
1	陈杨庄城堡	宋代	西陈杨庄村	县级	9 000
2	杨继盛故里祠（图 2-3）	明代	北河照村	县级	—
3	西堍西遗址	汉代	西堍村	未定级	900
4	西堍西南遗址	金代、元代	西堍村	未定级	15 000
5	西堍西北遗址	战国	西堍村	未定级	3 500
6	小南头遗址	汉代	小南头村	未定级	4 000
7	刘守真祠碑刻	民国	小南头村	未定级	—
8	大南头遗址	战国	大南头村	未定级	8 000
9	南陈杨庄西南遗址	战国、汉代	南陈杨庄村	未定级	5 500
10	八于北遗址	唐宋	大八于村	未定级	24 000
11	八于东遗址	汉代	大八于村	未定级	6 000
12	大张堡遗址	汉代	大张堡村	未定级	8 000
13	大张堡西遗址	战国	大张堡村	未定级	4 000
14	东陈杨庄遗址	唐代	东陈杨庄村	未定级	7 000
15	北河照遗址	战国、唐代	北河照村	未定级	9 600
16	西陈杨庄东北遗址	战国、汉代	西陈杨庄村	未定级	20 000
17	西河村东北遗址	宋代，元代	西河村	未定级	4 800

（资料来源于《雄安新区文物调查专题报告》，2018）

图2-3 杨继盛故里祠(组图)

2. 乡愁遗产

雄安郊野公园内的乡愁遗产包含遗址墓葬、老式建筑、老树名木等，共 58 处，见表 2-2。

表 2-2 乡愁遗产

序号	类别	名称	地点	年代
1	老树名木	李宝琳家榆树	八于乡北陈杨庄村中兴街 2 号	—
2	老式建筑	杨氏老宅	八于乡北河照村	清末民初
3	老式建筑	杨家老宅	八于乡北河照村	约 20 世纪 40 年代
4	老式建筑	杨继盛祠堂	八于乡北河照村	—
5	老树名木	杨家老槐树（3 棵）	八于乡北河照村	—
6	老树名木	杨氏族人家老槐树	八于乡北河照村	约 20 世纪初
7	老式建筑	张小花家老宅	八于乡大八于村	约 20 世纪初
8	老式建筑	吴家老宅	八于乡大八于村	—
9	老树名木	许社齐家椿树	八于乡大八于村永昌里 5 号	—
10	老树名木	吴建民家枣树	八于乡大八于村厚德路志高胡同 5 号	20 世纪初
11	老式建筑	张国良家老宅	八于乡大南头村	
12	老式建筑	向善宫	八于乡大南头村	
13	老式建筑	影壁墙	八于乡大南头村	约 20 世纪初
14	老式建筑	夏玉明家老宅	八于乡大张堡村	约 20 世纪初
15	老式建筑	夏长青家老宅	八于乡大张堡村	—
16	老树名木	夏金龙家槐树、香椿树	八于乡大张堡村民安大街东四巷 2 号	—
17	老树名木	张连堂家槐树	八于乡大张堡村民安大街 15 号南	—
18	老树名木	王海玉家枣树	八于乡大张堡村同心胡同 4 号	—
19	老树名木	夏双匣家槐树	八于乡大张堡村民安大街	—
20	老树名木	夏长青家松柏、槐树、枣树	八于乡大张堡村国泰大街 1 号	—
21	老树名木	夏增岩家椿树、榆树、槐树	八于乡大张堡村西夏胡同 5 号	—
22	老树名木	夏增岐家槐树	八于乡大张堡村堡福路西夏胡同 3 号	—

续表

序号	类别	名称	地点	年代
23	老树名木	夏增喜家槐树	八于乡大张堡村堡福路西夏胡同 1 号	—
24	老树名木	夏幼能家槐树	八于乡大张堡村永安街 17 号北	—
25	老树名木	刘振西家槐树	八于乡大张堡村国泰大街南三巷 2 号	—
26	老树名木	夏永祥家香椿树	八于乡大张堡村民安大街 30 号	—
27	老树名木	夏吉祥家槐树	八于乡大张堡村民安大街 10 号	—
28	老树名木	夏景敏家榆树	八于乡大张堡村堡福路 11 号	—
29	老树名木	夏楠家枣树	八于乡大张堡村永安街 16 号	—
30	老树名木	夏虎山家槐树	八于乡大张堡村夏家巷 4 号	—
31	老树名木	夏贺山家槐树	八于乡大张堡村民安大街 15 号	—
32	老树名木	村民服务中心槐树	八于乡大张堡村	—
33	老树名木	杨占良家榆树	八于乡东陈杨庄村兴康路申友胡同 4 号	—
34	老树名木	杨二林家槐树	八于乡东陈杨庄村兴康路	约 20 世纪初
35	老式建筑	王立新家老宅	八于乡东河村	20 世纪初
36	老式建筑	金玉璞老宅	八于乡南河照村	—
37	老树名木	金玉璞家椿树	八于乡南河照村富民路北 6 里 3 号	—
38	老树名木	陈雪山家槐树、杨树	八于乡西陈杨庄村卜子路 13 号	—
39	老树名木	陈雪奇家槐树	八于乡西陈杨庄村卜子路 2 号	—
40	遗址墓葬	陈杨庄堡－八王驻 军城堡城墙	八于乡西陈杨庄村大队部西侧	据传说始建于唐代
41	老树名木	张瑞杰家槐树	八于乡西河村东行路 16 号	—
42	老树名木	张瑞杰家香椿树	八于乡西河村东行路 16 号	—

续表

序号	类别	名称	地点	年代
43	老树名木	仇九祥家柏树	八于乡西堼村复兴东路 25 号	—
44	老树名木	袁友芳家槐树	八于乡西堼村朝阳南街 22 号	—
45	遗址墓葬	老货运码头	八于乡西堼村	建于清朝
46	老式建筑	孙海宽家老宅	八于乡小南头村	20 世纪初
47	老式建筑	孙士儒家老门楼	八于乡小南头村	20 世纪初
48	老式建筑	刘守真纪念祠	八于乡小南头村	
49	老树名木	刘宝臣家枣树	八于乡小南头村新兴路 7 号	—
50	老树名木	刘焕文家枣树	八于乡小南头村新兴路 13 号	—
51	老树名木	孙东生家杨树	八于乡小南头村致富街 26 号	—
52	老树名木	孙海宽家杨树	八于乡小南头村文化路北 3 巷 12 号	—
53	老树名木	孙桂亭家枣树	八于乡小南头村文化路 17 号	—
54	老树名木	张志强家椿树	八于乡小南头村文化路南 1 里 7 号	—
55	老树名木	王东臣家榆树	八于乡小南头村仁义路 3 号	—
56	老树名木	孙士儒家枣树、榆树	八于乡小南头村仁义路 10 号	—
57	老树名木	陈福田家枣树	八于乡小南头村文化路 7 号	—
58	老树名木	孙更申家榆树	八于乡小南头村育才路向荣胡同 7 号	—

（资料来源于《雄安新区"记得住乡愁"遗产白皮书》，2018）

2.5
历史文化

杨继盛（1516—1555年），字仲芳，号椒山，谥忠愍，北河照村人，被誉为明朝第一谏官（图2-4）。明嘉靖二十六年（1547年）中进士，官至兵部员外郎，性刚烈，疾恶如仇，仗义执言，因弹劾权相严嵩十大罪行而下狱，遭受酷刑含冤而终，当时震动朝野。他在历代被称颂不衰，深受群众爱戴。明穆宗隆庆帝追谥其为忠愍。有《杨忠愍公集》传世介绍其事迹。雄安郊野公园范围内原有的非物质文化遗产共6种（表2-3）。

图2-4 杨继盛画像

表 2-3 非物质文化遗产

序号	村庄	类别	名称	地点
1	北河照村	传统体育游艺与杂技	北河照村武术会	北河照村
2	北河照村	名人事迹	杨继盛事迹	北河照村
3	大南头村	传统美术	大南头村木雕画	大南头村
4	小南头村	传统民俗	小南头村刘爷信仰与刘守庙会	小南头村
5	小南头村	传统音乐	小南头村吵子会	小南头村
6	大八于村	传统音乐	大八于吵子会	大八于村

2.6

前世今生

　　雄安郊野公园前身为容城县八于乡，规划范围内以农田、村庄、林地、坑塘为主，其中田地占 60% 左右，具有典型的华北平原旱田风貌。地势开阔平整，一望无垠，北高南低。其原有 13 个行政村，村庄之间有镇村等级公路连接，阡陌交通，无高等级道路（图 2-5）。

　　雄安郊野公园自 2020 年建设至今，园内市政路网、植被、水系、园路、景观地形、东部展园皆建设完成，现已成为雄安新区重要的生态名片（图 2-6）。

图2-5 郊野公园乡土原貌航拍

图2-6 郊野公园现状航拍

3

第 3 章

生态文明 雄安样板

3.1

指导思想

　　雄安新区贯彻落实习近平生态文明思想，坚持把绿色作为高质量发展的普遍形态，树牢绿水青山就是金山银山的理念，坚持生态优先、绿色发展，大规模植树造林，开展国土绿化，着力建设以郊野游憩功能为主的京津冀地区生态旅游新标地、雄安新区北部森林后苑和城绿交融的特色镇村典范，构建宁静、和谐、美丽的自然环境，创造优良的人居环境，实现人与自然的和谐共生（图3-1）。

图3-1 雄安郊野公园风光一

3.2
定位目标

1. 规划定位

京津冀地区生态建设样板 坚持把绿色作为高质量发展的普遍形态，充分体现生态文明建设要求，坚持生态优先、绿色发展，贯彻绿水青山就是金山银山的理念，结合生态本底和植树造林展示雄安国土绿化成果，打造京津冀地区的生态建设样板。

雄安新区北部游憩后苑 利用便利的交通条件，依托区内镇村建设，布局旅游与游憩服务功能，展示燕赵大地秀美风光与历史文化底蕴，高水平建设公共设施，助力白洋淀 AAAAA 级景区发展，打造雄安新区北部游憩后苑。

城绿交融的特色村镇典范 推进乡村振兴，营造具有创新、创意的产业氛围，发展绿色创意产业；合理确定城镇空间布局与建设规模，实现城林互润、城景一体；塑造亲近自然的休闲体验空间，营造归园田居般的生活方式，打造城绿交融的特色村镇典范。

2. 建设目标

2025 年建设目标 到 2025 年，园区国土绿化全面完成，初步构建森林、绿地、水系相协调的生态空间；国土绿化集中展示区建设完成，满足第五届绿博会的需求；道路交通和市政基础设施基本建成，区内园路系统建成运行，区内所有旅游服务设施建成投运，郊野游憩功能趋于完善（图 3-2）。

2035 年建设目标 到 2035 年，雄安郊野公园全面建成，特色小镇形成功能完善、设施齐全、蓝绿交织、城绿融合、宜居宜游的城市生态片区。

图3-2 2025年雄安郊野公园平面示意图

3.3

功能布局

1. 空间结构

　　雄安郊野公园延续淀北整体空间结构，结合现状场地条件，以区域内生态空间为本底，布局东西两个主要功能分区，组团状布置镇村建设用地，形成"两纵三横二分区多组团"的空间结构（图3-3）。

　　"两纵"即两条南北向景观轴线，延续起步区南北中轴线和启动区中央绿谷。"三横"即东西向横穿公园的三条区域级绿道，分别为核心景观水系、生态堤绿道和津保铁路绿道。"二分区"即西部的国土绿化集中展示区和东部的郊野公园配套服务区。"多组团"即公园中组团式布局的镇村建设用地。

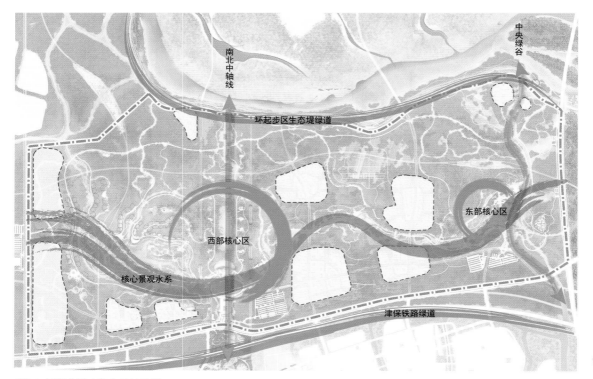

图3-3 郊野公园功能布局结构图

2. 功能布局

根据发展定位，雄安郊野公园统筹生态空间与城镇建设空间，布局国土绿化集中展示区、郊野公园配套服务区、镇村建设区、旅游服务区、生态游憩区等主要功能区（图3-4）。

1）国土绿化集中展示区。在郊野公园西部集中展示新区国土绿化成果，未来可承接全国绿博会，形成雄安郊野公园西部的功能展示和公共活动集中区。

2）郊野公园配套服务区。集中布置城市展园，承载雄安郊野公园主要游憩服务功能，形成雄安郊野公园东部的公共活动集中区。

3）镇村建设区。落实郊野公园区域特色小城镇和美丽乡村用地指标，承担特色体育服务、特色旅游服务等功能。

4）旅游服务区。在雄安郊野公园主要入口，结合水系、林地和农田等生态景观资源，设置旅游服务区，承担游客服务、特色商业等功能。

5）生态游憩区。除上述功能区外的雄安郊野公园其他区域作为园区的生态基底，以大面积的绿化造林为主，合理布置点状游憩服务设施。

图3-4 雄安郊野风光二

3.4

土地使用

1. 土地管控

雄安新区坚持生态优先、绿色发展，落实上位规划要求，合理确定用地规模，保障蓝绿空间，构筑雄安郊野公园绿色本底；坚持节约、集约利用土地，统筹供需，优化配置，满足雄安郊野公园建设需求；强化功能混合，提高用地效率，预留发展弹性，保障未来发展需求；实行建设用地指标弹性预留，在保障建设用地总规模不突破的前提下，预留建设用地总规模的 5% 作为机动指标，适度灵活、分散布局，其可布置文化、旅游、体育、商业、娱乐康体、安全设施等功能，保障后续发展需求；在论证合理的情况下，可适度使用战略预留用地指标。

2. 弹性开发

雄安新区在对后续土地开发建设的动态管控过程中，创新管理规则，在用地指标总量不变的前提下，对建设用地进行弹性供应与布局，保障后续区域产业与生态空间发展的具体需求。预留总建设用地的 5% 作为后期机动建设指标，在用地布局中不予体现，其可用于文化、体育、商业、娱乐、康体等点状用地供应，满足后续项目落位；预留适量综合用地，在管控单元内灵活布局，保障对绿博会的承接；镇村建设区明确开发边界，示意性地布局内部功能构成，对后续规划建设工作进行明确功能布局引导和建设管控。

3.5
景观设计

1. 依托独特的区位优势，筑牢新区北部生态屏障

在宏观层面，设计团队围绕建设"蓝绿交织、清新明亮、水城共融、绿色生态、宜居新城"的目标，协同塑造新区整体生态格局；在中观层面，协调郊野公园与周边城镇建设组团、生态空间的关系，统筹考虑区域空间格局，衔接周边水系、道路网络、市政基础设施。在微观层面，依托其自身的生态本底要素，塑造东西向的环起步区生态堤绿道，完善核心区水系绿道，强化津保铁路绿道、南北中轴线和中央绿谷，内部景观体系划分为东部与西部两大展区，形成"三横、两纵、二分区、多组团"的空间结构，构建生产、生态、生活相融合的郊野公园（图3-5）。

2. 创新探索造林造园模式

造园以彰显中华基因、传承园林文化为指导思想，全面落实创新、协调、绿色、开放、共享的新发展理念，营造城市与自然共生的北方大型郊野公园，描绘出一幅具有时代特征的雄安画卷，彰显中国园林造园思想的传承与创新。

造林以"适地适树、节俭造林"为原则，以"大林小园"为建设方向，以"片上造林、点上留痕"为设计手法，实现面上低管养的造林工程与点上精细化、高品质的造园工程相结合的创新模式，营造与城市共生的风景园林。

3. 构建大型郊野公园公共空间景观系统

设计团队结合园区近、远功能布局和风景资源，构建覆盖全园的慢行园路系统。园路总长度约为138千米，沿途设置服务驿站与公共卫生间，确保游客游园的安全性与舒适性。

设计团队聚焦东部园区，深入挖掘河北 14 个地市的城市历史文化资源和自然风貌特征，确定展园功能布局、建筑风貌、生态环境与特色亮点，充分展现地域特点、人文特色，打造整体统一、各具特色的高品质城市展园体系。

图3-5 雄安郊野公园景观鸟瞰示意图

3.6
支撑体系

3.6.1 特色设计，便捷交通

设计团队协调林地景观的交通联系需求，统筹兼顾近期郊野公园建设与远期镇村建设发展，合理布局园区道路系统、公共交通系统、慢行交通系统及各类交通设施，倡导绿色出行，规划功能完善的道路系统，全面实施无障碍环境设计，推进交通基础设施数字化和交通运营服务智能化，构建便捷、安全、绿色、智能、经济的现代化交通体系。

1. 道路系统

设计团队构建级配合理、功能完善的道路系统，形成市政道路和园区道路两套道路系统，其中市政道路分为城市快速路、主干路、次干路三级，园区道路结合功能分级设计；落实上位规划要求，通过便捷连通的干路网串联区内镇村中心，连接容城组团，满足雄安郊野公园对外的交通需求；通过随形就势的园内道路，串联各主要出入口和主要景区（图 3-6）。

干路布局
雄安郊野公园干路系统由城市快速路、组团连接道路和单元集散道路三级组成，主、次干路共同构成了雄安郊野公园"三横八纵"的骨干路网体系。

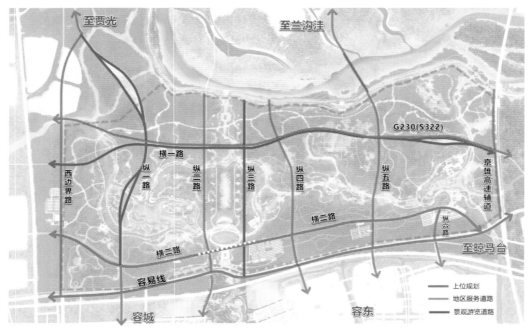

图3-6 雄安郊野公园道路规划图

支路布局

设计团队服务镇村特色组团，因地制宜布局支路系统；采用多种方式灵活组织支路交通，创造活跃的沿街界面。社区中心周边支路以服务慢行交通为主，减少机动车通行，营造安全的慢行环境和舒适的交往空间。

道路红线与横断面设计

设计团队以新区典型道路的红线宽度和断面方案为基础，结合郊野公园特色，形成景观型和城镇型 2 大类道路断面。

景观型道路 景观型道路是穿越林地和公园的道路，按照最美公路标准进行规划设计，道路采用 S 形曲线形成灵动的林地结构，局部路段上下行分幅，随地形塑造中间林地的"生态眼"；机动车道两侧设置生态边沟，收集雨水，涵养植被；道路沿线结合林地、河流等景观设置停车区、公交停靠站、驻足区，提高道路的安全性、服务性和品质，体现"雄安质量"（图 3-7）。

城镇型道路 城镇型道路是穿越镇村及规划预留建设用地的道路，采用城镇型道路断面设计，结合道路周边地块性质进行适当的优化设计（图 3-8）。

道路断面空间充分预留弹性，满足多场景下的交通需求，车道数保留变化的可能；与容东、容城片区等相邻组团的连通道路横断面保持一致，个别有差异的通过交叉口逐步过渡。

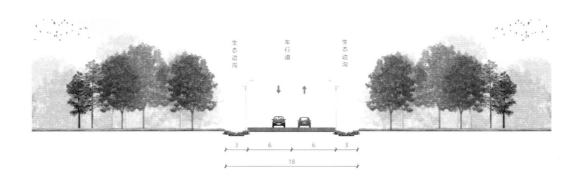

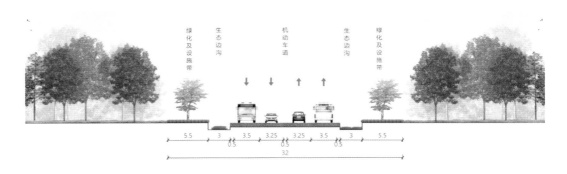

图3-7 雄安郊野公园景观型道路断面图（组图）

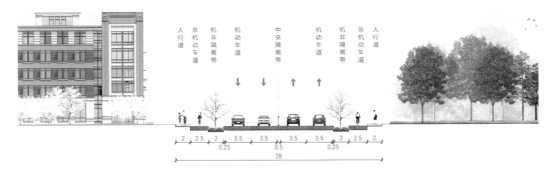

图3-8 雄安郊野公园城镇型道路断面图

绿道网络

绿道网络落实上位规划要求，对接容东片区、容城片区的区域绿道系统，形成"两横两纵"、独立高品质的绿道系统，串联雄安郊野公园展区及主要开放空间，塑造安全舒适、尺度宜人的慢行系统（图 3-9、图 3-10）。

图3-9 雄安郊野公园绿道示意图

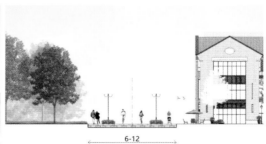

6-12

图3-10 雄安郊野公园绿道断面图

道路设施数字化

雄安郊野公园建设多系统集成的数字化道路设施，形成支撑车路协同的智能交通基础设施体系；结合交通枢纽、轨道交通、城市道路建设，预留带有环境感知、边缘计算、交互通信等功能的智能交通设施的空间位置。

2. 城市公共交通

公交系统构建

雄安郊野公园坚持以人民为中心，优先发展公共交通，统筹兼顾近期郊野公园建设与远期镇村建设用地发展，因地制宜地构建网络化、全覆盖、快速高效的公共交通网络，提高公共交通的运行效率，增强公共交通的安全性、便捷性和舒适度；充分利用智能交通技术，提供高品质、智能化的公共交通服务。

公交体系

至2035年，雄安郊野公园构建"干线 + 普线"两级城乡公交网络。干线主要承担雄安郊野公园与起步区、容城组团间的公交客运服务；普线主要服务于区内各组团之间的公共交通，实现社区全覆盖。

在第五届绿博会期间，开通绿博公交专线等，连接新区交通枢纽；结合展会需求设置电瓶车游览线路作为园区内部的辅助公交系统。展会期后，园区内部可设置高效的特色公共交通系统作为内部骨干公交系统，在服务园区的同时串接城镇建设用地。

智能公交系统

雄安郊野公园建立智能化需求响应型的公交系统，通过大数据、云计算等技术手段，基于对公交出行需求的感知、汇聚与迭代计算，智能生成路线，实现公交调度方案的自动生成和实时优化，提供地块到地块的智能公交服务。

3. 其他交通设施——停车设施

雄安郊野公园合理控制社会停车泊位总量；根据用地性质和区位差异化控制建筑泊位配建供给，引导和鼓励绿色出行；严格控制办公、商业用地的泊位配建指标上限；建筑物配建指标采取区间控制，预留城市公共停车场建设条件。

4. 园路交通

雄安郊野公园结合园区近、远功能布局和风景资源，构建连通、可达、安全、舒适且覆盖全园的骑行道、跑步道、慢步道慢行系统，规划滨河、滨湖、峰谷 3 类 4 条景观步行游线，串联景区主要景观节点，展现园区自然与人文风光。其中，西部园区滨湖步行环全长约 4 千米，环绕容湖布置，游客可欣赏云影波光、相映成趣的容湖风光；峰谷步行环全长约 5 千米，游客可感受丘地连绵、高低错落的峰谷地貌；东部园区滨湖步行环全长约 3 千米，环绕云塘布置，串联 14 个地市城市园，游客可体验燕赵大地的地域风情与文化底蕴；滨河步行环全长约 5.5 千米，沿龙形水系布置，游客可在滨河漫步，放松身心。

3.6.2 近远结合，市政保障

鉴于雄安郊野公园近、远期建设的差异性，市政专项规划的各类市政基础设施要同时满足近期展会期间各类场馆、单体建筑和服务网点的市政配套需求，又要为远期特色小城镇和美丽乡村的发展提供基础保障。充分考虑建设时序带来的需求变化，规划方案提出分步实施方案，避免重复建设、二次切改和资源浪费，因地制宜地采用集中和分散相结合的方式，建设生态化、智能化、安全高效的市政基础设施。

1. 给水

雄安郊野公园实行高品质集约供水，有多种水源保障区域供水安全；根据近、远期各类用户特点，采用多指标预测的方法，充分考虑现状供水站和规划水厂的供给能力，结合周边区域的建设时序统筹安排水源。

2. 排水

雄安郊野公园片区为全面实施污水深度处理和再生回用，实现污水处理率及再生回用率99% 以上的目标，规划实行雨污分流制的排水机制，高标准收集、处理污水并再生利用污水。

对于污水排放出路，建设人员综合分析郊野公园的用地布局和开发建设强度及时序，统筹考虑污水收集处理和再生利用的便捷性、经济性，最终确定采用适度分散的污水处理模式，并注重近、远期实施。近期，在会展期间，各单体建筑距离分散，污水总量小，规划各单体建筑自行采用一体化污水处理设施进行污水处理并就地回用，服务网点配建生态厕所，就地处理污水。远期，结合片区用地布局，按照适度分散的原则，规划5座小型水资源再生中心，出水就近回用。雄安郊野公园充分落实海绵城市发展理念，结合道路断面形式，因地制宜地采用植草沟和市政管道相结合的方式，雨水可就近分散排入周边水系和低洼绿地中。

3. 电力

雄安郊野公园梳理现状电力线路，尽可能简化电压等级，减少变压层次，进一步减少现状电力线路对整个园区的影响；新建1座110千伏变电站。设计团队结合站址位置及周边情况，通过建筑材料与色彩、建筑屋顶、建筑基座和山墙、建筑立面的"窗墙比"和凹凸变化，设计出与景观相融合的绿色变电站（图3-11）。

郊野公园以该新建变电站为核心，重新布局和理顺过境和为本区域服务的电力线路，打造"广泛互联、智能互动、灵活柔性、安全可控"的电力系统，建设坚强可靠，高度电气化、智能化的供电网络。

图3-11 与景观融合的变电站设计方案(组图)

4. 燃气

郊野公园立足发展用气需要，近、远期相结合，构建能效高、覆盖广、以天然气为基础能源的燃气供应体系，满足近期展会期间游客住宿和远期居民的采暖制冷以及生活用气需求。

5. 供热

郊野公园综合考虑上位规划中能源利用和清洁供暖的需求，在充分分析当地太阳能、地热能、风能和生物质能等资源禀赋的条件下，同时对太阳能供热、地热能供热、空气源热泵供热、燃气能源站供热、蓄热式电锅炉供热等不同供热方式进行技术性、经济性比较，基于相关规划设计规范和指南对园区规划的各类建筑用热特点和负荷进行分析，最终确定园区近期以空气源热泵、地热源热泵和太阳能辅助供热等分散供热方式为主，远期采用集中能源站集中供热与空气源热泵等分散供热形式相结合的供热模式。

6. 通信

为保证城市风貌，郊野公园通信宏站尽量与建筑一体化建设，微站主要利用智能灯杆等市政公共资源布置，与宏站协同覆盖，满足信号覆盖要求；依托区外智能城市数据中心和计算中心，搭建区域信息化专网统一平台，运算、处理信息，预警、调度城市资源，使郊野公园成为新型智能公园的典范。

7. 环卫

郊野公园的环卫系统规划秉承雄安新区的先进发展理念，提升资源循环再生利用水平，积极采用新技术、新方法，创新垃圾分类、收集运输和资源化、无害化处理方式。园区产生的园林废弃物，经技术分析论证，以就地处理方式为主，作为园林覆盖物和堆肥进行利用，或经小范围集中处理后作为有机肥和栽培基质使用。远期，郊野公园规划垃圾收集收运站，合建基层环卫机构和环卫车场，为规划区提供环卫配套服务。

3.6.3 适地适树，大林小园

雄安郊野公园的种植设计以"适地适树、节俭造林"为原则，以"大林小园"为建设方向，以"片上造林、点上留痕"为设计手法。

城市林约占整个园区内陆地面积的 91%，生态林、景观林、经济林相结合，充分发挥森林的生态、景观与经济效益；在种植方式上，采用"乔木＋灌木＋地被"的混交方式，营造近自然森林群落结构，规格大的乔木作为上层、规格小的乔木或亚乔木作为下层，进行混交、异龄种植。上层乔木和下层乔木之间搭配丛生灌木，可选择一种或多种进行混交，重点区域适当栽植地被植物，非重点区域依靠植物的自然繁衍，恢复地被。每个混交单元面积不超过 20 000平方米，每百亩范围内，栽植乔木树种不少于 8 种。针阔混交林要求针叶树和阔叶树比例为 3:7。优势乔木选择喜光树种，伴生乔木选择耐阴树种或喜光稍耐阴树种。城市园约占整个园区内陆地面积的 9%，重点展示各市市树、市花、绿化成果、新优植物等，突出地方特色。

3.6.4 分级服务，覆盖全面

1. 城市公共服务设施

建设要求

郊野公园统筹规划、建设、运营公共服务设施，使其与城市同步建设、优先启用；实施无障碍环境设计，营造全龄友好的城市环境，满足老人、残疾人、儿童等各类人群的需要；践行公共空间复合利用，推动公共服务设施多样开放、智能共享；统筹考虑实际服务人口和未来需求，适度预留公共服务设施发展空间，为城市生长留足条件（图 3-12）。

构建城市生活圈

郊野公园合理构建城市生活圈，在第五届绿博会展会期后，结合发展需求，弹性配置公共活动空间和公共服务设施，建设社区中心、街坊中心。生活圈内公共服务设施共享共建，多种类型公共服务设施混合建设在同一用地内，统一管理、运营，提升市民一站式服务的便利性。

弹性设置 1 处社区中心，远期在特色小城镇组团规划 1 处社区 / 镇级居民服务综合体，包括社区文化活动中心、全民健身中心、社区服务中心、派出所、社区便民中心、社区卫生服务中心、养老照料中心、工疗康体服务中心、多功能运动场地。其与公交系统及慢行系统紧密联系，满足 15 分钟生活圈服务需求。

弹性设置 1 处街坊中心，远期在美丽乡村组团规划 1 处街坊 / 村级居民服务综合体，包括文化活动站、居委会工作站、警务工作站、便民商业区、诊所、护理站、居家养老驿站、心理咨询室、室外综合健身场地、小型多功能运动场地，满足 5 分钟生活圈服务需求。

2. 园区公共服务设施

东部园区深入挖掘河北 14 个地市的城市历史文化资源和自然风貌特征，充分展现各市地域特点与人文特色，打造整体统一、各具特色的高品质城市园体系。每个展园布置一处特色功能场馆，功能涵盖配套服务设施、儿童嘉年华、海洋馆、国学馆、武术馆、体育馆、音乐厅、瓷艺馆等，形成雄安新区种类最为齐全、设施最为完善的假日旅游目的地。

西部园区立足游客的使用功能，结合园区总体山水骨架与道路体系，合理布置休闲服务驿站。驿站设计注重与周边环境协调，科学选用优质、环保、节能的建筑装饰材料，一体化配备公共卫生间、简餐餐厅、咖啡厅、书吧等服务功能，形成高品质、人性化、有温度的公共休憩空间。

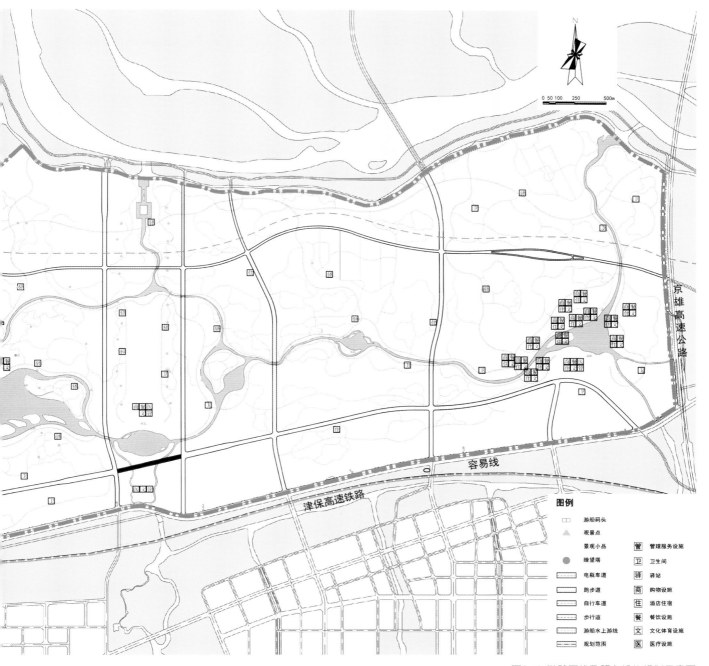

图3-12 游憩网络及服务设施规划示意图

绿色城市 美丽家园—— **雄安郊野公园规划与建设（上册）** | 050
GREEN CITY, BEAUTIFUL HOME – PLANNING AND CONSTRUCTION OF XIONG'AN COUNTRY PARK/VOLUME I)

3.6.5 旱涝结合，水利规划

雄安郊野公园遵循新区总体规划、防洪规划、水系规划等上位规划，依据"有水则湿、无水则林"的原则，规划构建了"三河、四湖、多溪多湿地"的水系格局，通过新建龙形水系，将南北轴引水渠和中央溪谷引水渠连通，附以多条调蓄雨洪的旱溪、湿地，保证郊野公园的水面率要求。

郊野公园严格落实海绵城市建设的"渗、滞、蓄、净、用、排"理念，统筹用地竖向、地表径流、雨水管渠、河湖水系等要素，构建起蓄排结合且有弹性的排水防涝系统，充分利用园区水系滞蓄涝水，确保调蓄容积不低于 90 万立方米。

中央溪谷引水末端新建节制闸控制下泄流量，通过闸门分级调控，实现 2025 年第五届绿博会建成后 10 年一遇及以下涝水蓄滞不外排，远景实现规划 20 年一遇及以下涝水外排流量不大于开发建设前的水平，有效减轻下游容城组团及起步区的防涝压力。

3.6.6 数字绿博，智慧赋能

雄安郊野公园以《河北雄安新区规划纲要》为指导，坚持数字城市与现实城市同步规划、同步建设，适度超前布局智能基础设施，推动全域智能化应用服务实时可控，打造以"软硬新基建"为基础、各类智慧应用为支撑的数字公园（图 3-13）。

智能基础设施是雄安郊野公园智慧建设的"硬基建"，是新型智慧城市的"第八通"，即在传统城市建设模式的基础上增加"通感知数据"，能够收集、传输、处理各类感知数据。其不同于以往智慧城市建设中只是将传统基础设施进行智能化改造的方式，而是明确定义智慧城市智能基础设施体系是城市公共服务新的子系统，也是城市感知数据传输的"公交系统"。

公园操作系统是雄安郊野公园智慧建设的"软基建"，是一个统一 GIS（地理信息系统）图底、统一时空属性、统一空间坐标的通用基础平台，通过统一数据标准实现各类数据的交互与共享，结合各类智慧应用能够全息描述公园的运行状态，并通过人工智能、仿真推演为公园的发展预测和决策提供全过程支持。

依托公园的"软硬新基建"，雄安郊野公园以政府管控需求为导向，以公园发展全周期为范围，以有效服务于规划编制、空间落位、建设实施、运维管理为目标，搭建公园各类数字应用场景，以智慧手段支撑雄安郊野公园的高质量建设与发展。

建设以"软硬新基建"为基础，各类智慧应用为支撑的数字雄安郊野公园

愿景	数字绿博 智慧赋能
应用场景	以有效服务于规划编制、空间落位、建设实施、运维管理为目标，搭建雄安郊野公园各类数字应用场景

新基建	□ 软基建		雄安郊野公园操作系统		
	统一所有应用时空属性，并提供法定数据及共性服务，承载各类雄安郊野公园应用的基底				
	城市描述	统一时空	空间计算	共性服务	法定数据
	□ 硬基建		智能基础设施		
	雄安郊野公园各类感知数据汇聚并传输的公共服务系统，是感知数据流转的"公共交通系统"				
	城市级处理中心	社区级处理中心	接入汇聚机房	传输管道	边缘计算节点	C-Hub

图3-13 数字绿博示意图

3.6.7 安全为要，弹性布局

1）安全为要，构建一体化、平灾结合的综合防灾体系；按照防空防灾一体化、平战结合、平灾结合的原则，完善应急指挥救援系统，构建完整的综合应急体系（图3-14）。

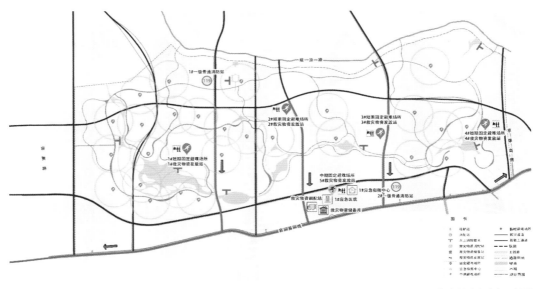

图3-14 综合防灾规划示意图

2）弹性布局，充分考虑第五届绿博会举办期间和绿博会举办后的需求。规划人员在进行消防、人防、抗震等设施布局时，统筹考虑绿博会举办举办时和举办后的需求，按照集约、节约的原则，通过永久设施、临时设施、过渡设施等，既满足绿博会举办时的安全需求，又满足后续片区功能转变后的发展需求（图3-15、图3-16）。

3）情景应对，对展会期间的大客流进行交通疏散情景模拟。依据交通基础设施、交通需求、平日和极端日客流预测等构建交通模型，对紧急疏散情况下的机动车交通进行仿真模拟，确定主要的疏散通道、交通组织与引导措施（图3-17）。

4）基础强化，提升社区综合应对能力。规划方案以5分钟社区生活服务圈为基础构建应急生活圈，充分利用智能化设施，提供无接触的智慧社区服务和管理条件；通过配备远程社区医疗设施、自助智能药柜、免接触体温筛查设施、智慧门禁设施、社区人员流动监测管理等平灾结合设施做好突发公共卫生事件的应对。

图3-15 绿博会举办时消防设施布局

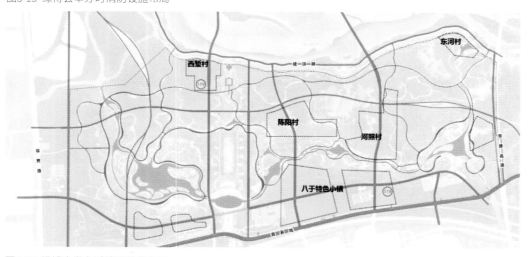

图3-16 绿博会举办后消防设施布局

图3-17 容易线/纵二路交叉口模拟示意图

3.6.8 智能管控，保障实施

雄安郊野公园根据城市规划、建设、管理的不同阶段，建立规划控制和城市运行监测等方面的指标体系。通过方案设计、项目建设，落实规划控制指标；通过城市发展实时监测、城市管理定期评估、城市运行维护动态反馈等，及时进行规划调整和平台数据库更新，不断优化规划设计，推进规划、建设、管理、运营全周期互相促进、良性互动，实现规划统一、高效、高质量实施。

4

4.1

城市林篇

　　根据雄安郊野公园总体规划要求，按照"整体统一、各具特色"的原则，在一张蓝图确定的总体定位、主题意象、空间结构、种植规划等基础上，河北省14个地级行政区（11个地级市及雄安新区、辛集市、定州市）共同打造高质量城市森林。14片城市林在总体布局上分为东、西、北、中四片。其中，东部片区包括唐山林、廊坊林、衡水林与秦皇岛林，塑造雄安北部生态门户形象，构筑燕赵大地文化长廊；西部片区包括雄安林、保定林、石家庄林、张家口林、邯郸林与邢台林，谱写雄安中轴线上的"大地楹联"，为2025年第五届绿博会铺设生态本底；北部片区包括承德林与定州林，依托南拒马河生态堤，营造"北雄南秀，林枕花溪"的景观风貌；中部片区包括沧州林与辛集林，结合区域内的一般耕地，描绘"瓜果花田，田园牧歌"式的都市田园画卷。

4.1.1 东部片区

——塑造雄安北部生态门户形象，构筑燕赵大地文化长廊

1. 唐山林

基本情况

唐山林位于雄安郊野公园最东侧区域，东临京雄高速（门户景观轴），南临容易线，北达堤顶路，西接秦皇岛林、廊坊林及衡水林，规划面积 100 公顷，建设实施面积 88 公顷（图 4-1、图 4-2）。

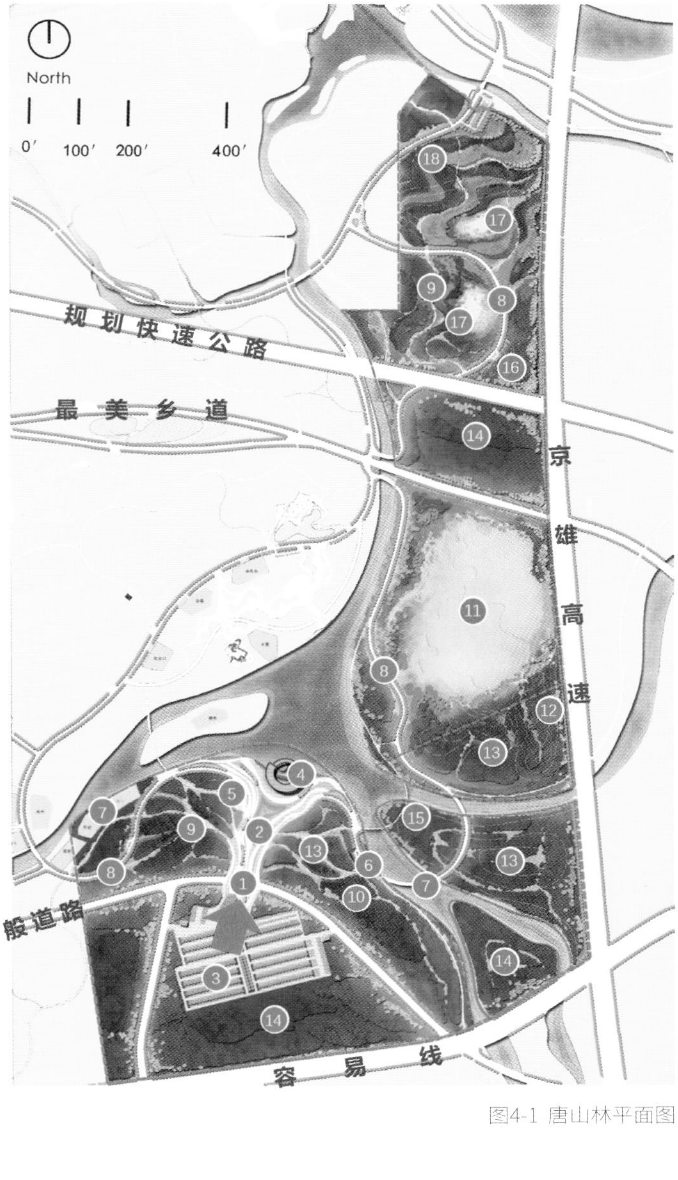
North
0′
100′
200′
400′
规划快速公路
最美乡道
京雄高速
一般道路
容易线
图例
1 主要出入口
2 入口广场
3 停车场
4 综合服务建筑
5 电瓶车接驳点
6 配套服务点
7 城市展园
8 主园路（宽6m）
9 次园路（宽4m）
10 游园小径（宽2m）
11 预留配套设施用地
12 印象彩叶林
13 夏荫林
14 生态风景林
15 滨水湿地林
16 休憩节点
17 林窗
18 川流不息门户林带

图4-1 唐山林平面图

图4-2 唐山林鸟瞰图

设计理念

唐山林的设计林景结合、以林为主、兼做景观，以近自然的模式营造峰谷交错、蓝绿交织、四季有绿、四季有彩、大写意、大风景的城市风景林。

空间布局

唐山林总体功能定位：山鸣谷应，西水东路的门户迎宾林。

唐山林东侧靠近京雄高速的区域布局连片的秋叶林，形成大尺度的多彩型森林组团，突显城市林迎宾风貌；西侧靠近郊野公园龙形水系区域，尊重水陆交替生境的多样性，结合湿地净化功能打造演替变化、连续自由的湿地森林带，营造林中有水、水中有林、林水相依的湿地森林景观；城市林中部侧重林地的生态涵养功能，采用"异龄、混交、复层"的近自然森林营造模式，构建大开大合、自然生动的生态风景林带（图4-3）。

图4-3 唐山林空间布局图

特色亮点

（1）树种多样、高标定位

唐山林栽植的苗木总量有 6 万余株，其中栽植的常绿树种以白皮松、油松、华山松为主，约 1.3 万株；栽植的落叶乔木主要有国槐、银杏、五角枫等，约 3 万株；栽植的灌木主要有金银木、山桃、山杏等，约 1.7 万株。在苗木的种植规格上，胸径 10 ～ 12 cm 的乔木约占总数的 40%，胸径 12 ～ 15 cm 的乔木约占总数的 20%，胸径 15 ～ 16 cm 的乔木约占总数的 5%。

（2）四季有绿、四季有彩

唐山林栽植的常绿树种占乔木总数量的 30%，保证了四季均有良好的绿色基底；充分结合地形的峰谷布局，峰上加大秋色叶树种种植比例，谷底布局常绿树及低矮灌木，形成"金峰绿底"的城市林界面，并增加了观枝、观果树种，形成了冬季红果挂枝的景观（图 4-4 ～图 4-8）。

（3）地形丰富、峰峦起伏

唐山林地形丰富，总土方量达 38.2 万立方米，营造地形 77 处，整体地形呈峰谷交错、峰峦起伏之势，种植充分结合地形峰谷布局，打造自然起伏的林地效果。

图4-4 唐山林印象彩叶林区

（4）花海景观、郊野趣味

种植的地被草花主要有百日菊、波斯菊、硫华菊、二月兰等品种，播种面积 76 万平方米，实现城市林地被全覆盖，形成林下花海，展示郊野趣味（图 4-9）。

（5）科技融入、生态自然

结合起伏多变的地形，唐山林设计带状雨水花园、毛细水系，达到收集雨水、涵养地下水的林地生态效果；道路采用透水生态材料，局部园路采用砂石＋木桩组合，朴实自然。全园采取杂草封闭、节水灌溉等先进技术，实现节能、高效的管理养护（图 4-10）。

图4-5 唐山林之春——万物复苏、生机盎然

图4-6 唐山林之夏——天高云淡、骄阳似火

图4-7 唐山林之秋——层林尽染、叠翠流金

图4-8 唐山林之冬——银装素裹、苍松翠柏

图4-9 唐山林风景

图4-10 唐山林小径及汀步林景

2. 廊坊林

基本情况

廊坊林位于雄安郊野公园东部，占地面积 68 公顷，东临水系，与唐山林隔河相望，北部最美乡道穿境而过。廊坊林南侧分布有张家口城市园、沧州城市园、定州城市园、衡水城市园、廊坊城市园 5 个城市园（图 4-11、图 4-12）。

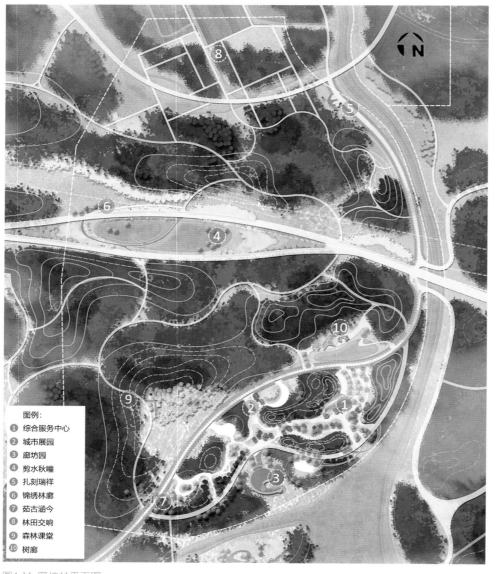

图4-11 廊坊林平面图

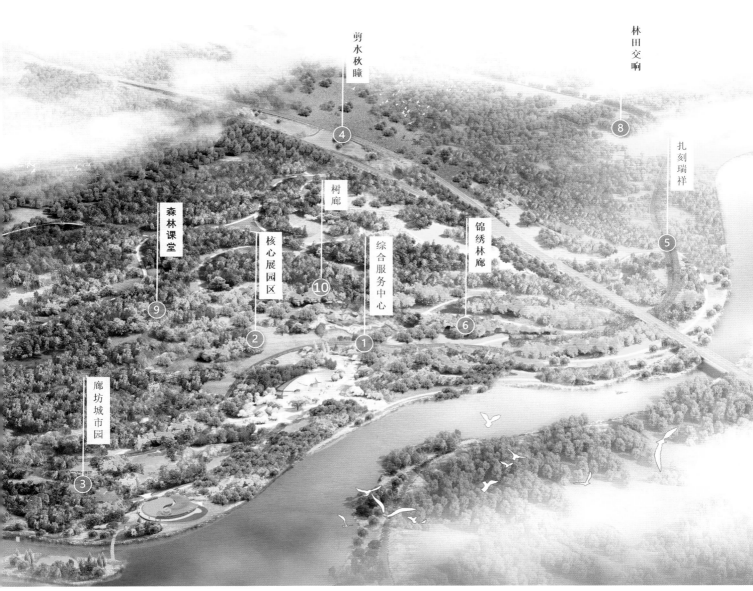

剪水秋瞳

林田交响

④

扎刻瑞祥

树廊

森林课堂

核心展园区

锦绣林廊

综合服务中心

⑧

⑨

⑩

②

①

⑥

⑤

廊坊城市园

③

图4-12 廊坊林鸟瞰图

设计理念

廊坊林以总体规划为统揽，以"京津乐道，绿色廊坊"为主题，采用"异龄、混交、复层"模式，形成开合有序、质朴生动的近自然森林风貌。

空间布局

廊坊林以"一园两轴四区"为空间布局结构。"两轴"中，纵轴为炫彩迎宾景观轴，成排行道树列队迎宾，林荫如盖；横轴规划为最美乡道景观轴。"四区"分别为北部的林田交响区、中部的森林课堂区、剪水秋瞳区和廊坊林核心区（锦绣林廊）（图4-13）。

林田交响区的规划保持农田肌理，以栽植果树为主，营造春林芬芳、秋实累累的朴野林田景观（图4-14）。森林课堂区种植了品种丰富的植物，并设置有森林课堂、碧水双塘等景观节点，以备开展林业宣传，科普森林与碳中和知识、生态知识、树木知识等绿色文化体验活动，以多维度、多层次的方式，给游客提供体验认知自然的场所（图4-15）。

剪水秋瞳区的定位为最美乡道中的"秋瞳"，其结合雨水花园，以果树、秋色叶树种、水生植物等为主，通过连片的森林形态和植物季相的丰富变化，形成大尺度的印象型森林组团、林海绚秋的东部生态之眼（图4-16）。廊坊林核心区（锦绣林廊）位于整个园区的东南部，紧邻规划水系，5个城市园集中布置于此，并统筹设计路网，实现百步现园。此区域以疏林花溪为特色，设有"香草农场""童话森林"等主题花境，潇洒飘逸的观赏草极富自然、野趣之美。城市园南侧河岸垂柳依依、群花竞放，水面芦苇葱茏茂密、水鸟啁啾，营造出林水相依的滨水湿地景观（图4-17）。

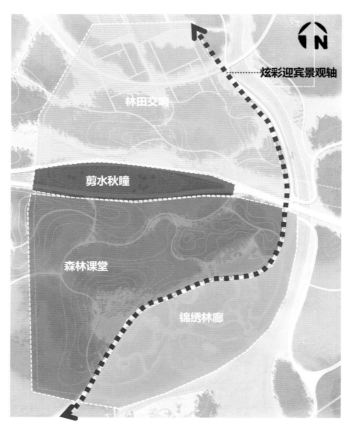

图4-13 廊坊林四区分布示意图

图4-14 廊坊林林田交响

图4-15 廊坊林森林课堂观景平台

图4-16 廊坊林剪水秋瞳

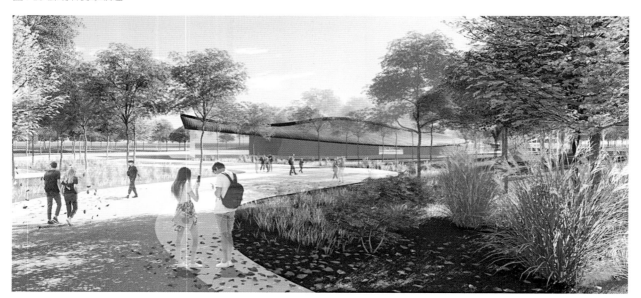

图4-17 廊坊林核心区锦绣林廊

特色亮点

　　廊坊林种植模拟自然林带，通过常绿树种和具有丰富色彩的树木品种，营造自然生态的森林景观。其中种植乔灌木 120 余种，地被花卉 70 余种，苗木总量 36 000 余株，森林覆盖率达到 90% 以上，展示了"绿色廊坊"的生态发展理念。

3. 衡水林

基本情况

衡水林位于雄安郊野公园东南部区域，东北临唐山林，西临石家庄林，南临容易线，总规划面积约 66.7 公顷，造林绿化面积 59.7 公顷（图 4-18）。

设计理念

衡水林以"生态自然，秀水绿园"为总体定位，以绿色涵养、生态建设为基础，营建一种自然简约、原生态、蓝绿相融的景观风貌（图 4-19）。

图4-18 衡水林平面图

图4-19 衡水林鸟瞰图

空间布局

衡水林按照"一心一核一带三片区"的总体布局打造了春花林、花果林、秋叶林和常绿林，营造出生态秀林的美好景象（图4-20）。

特色亮点

衡水林重要的景观节点共有6处。一是桃园春色。该节点以《桃花源记》为设计灵感，塑造了满园春色、桃花朵朵的景象，使游人漫步于此犹如置身于自己心中的桃花源。二是海棠花溪。该节点以象征富贵美好的海棠花为主景，游人在此可畅游于花雨之中，漫步在花溪之畔。三是最美银杏林（图4-21）。银杏是中华民族源远流长的文化和真善美的代表，游人在此可感受到生命的坚强与沉稳。四是浪漫梨花园，取意于"忽如一夜春风来，千树万树梨花开"，朵朵雪白的花瓣随风落下，满眼尽是浪漫的诗画（图4-22）。五是缤纷多彩园。该节点的景观颜色丰富，植物季相变化明显，给游人提供视觉与嗅觉的美好盛宴（图4-23～图4-26）。六是自然感知园。该节点营造了多样的植物群落，游人在此能够感受到蓬勃的生命力和自然的力量（图4-27、图4-28）。

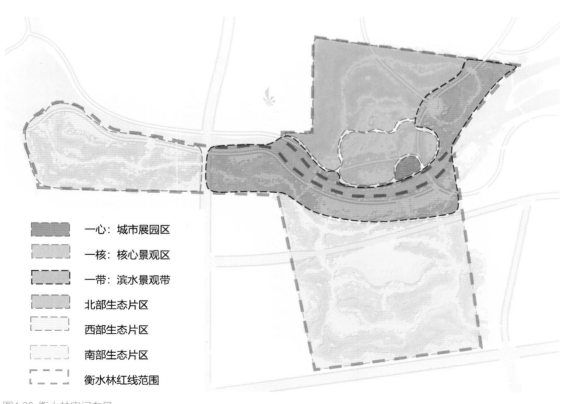

一心：城市展园区
一核：核心景观区
一带：滨水景观带
北部生态片区
西部生态片区
南部生态片区
衡水林红线范围

图4-20 衡水林空间布局

图4-21 衡水林银杏广场

图4-22 衡水林梨园花境

图4-23 衡水林春景图

图4-24 衡水林夏景图

图4-25 衡水林秋景图

图4-26 衡水林冬景图

图4-27 衡水林曲桥荷风

图4-28 衡水林儒学文化广场

4. 秦皇岛林

基本情况

秦皇岛林位于雄安郊野公园东北部，北临南拒马河生态大堤，南接廊坊林和最美乡道"秋瞳"，与周边的承德林、唐山林、廊坊林相衔接。总规划占地面积 69 公顷，其中绿化面积 65 公顷，栽植各类乔灌木 61 694 株，包括 76 个树种、101 种规格，林下有机搭配花草地被 22 公顷，计 36 个品种（图 4-29、图 4-30）。

图例：
① 秦皇岛林出入口
② 映水云居（服务建筑）
③ 川流水乡（特色小镇）
④ 绿野田园（基本农田）
⑤ 水木明瑟（主水系）
⑥ 观鸟长廊（滨水栈道）
⑦ 水岸花林（季节水系）
⑧ 林山远黛（主山体）
⑨ 林间逸趣（活动广场）

图4-29 秦皇岛林平面图

图4-30 秦皇岛林鸟瞰图

设计理念

秦皇岛林坚持适地适树、节俭造林原则，采用"异龄、混交、复层"的近自然森林营造模式，以乔灌木为主，有机搭配花草地被植物，注重不同季节的色彩配置、针阔混交，实现三季有花、四季有绿、秋冬出彩，设置了果树林、春花林、秋叶林、常绿林4大类型。

空间布局

秦皇岛林按照"两带抱一心，一区展两翼"的布局结构，根据城市林地块形状特点，与周边城市林的区位相协调、呼应，满足雄安郊野公园整体造林绿化景观的控制性要求（图4-31）。

特色亮点

（1）景观与经济相结合，营造果林与花海

秦皇岛林中部设置特色果树林区，适当搭配地被，打造果林与小面积的花海地被交错的景观效果（图4-32、图4-33）。

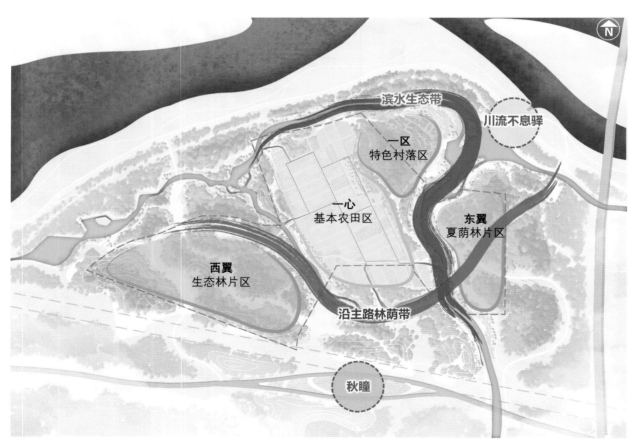

图4-31 秦皇岛林"两带抱一心，一区展两翼"空间布局

（2）因地制宜，变废为宝

秦皇岛林所处位置大部分是原村庄拆迁地段，因此设计采取随形就势、因地制宜的处理原则，利用建筑垃圾 15 万立方米、回填种植土 16 万立方米，共构建 12 个多层次、多样式的微地形（图 4-34～图 4-36）。

图4-32 秦皇岛林湿地林·水木明瑟

图4-33 秦皇岛林夏荫林·林间路

图4-34 秦皇岛林绿野田园秋景

图4-35 秦皇岛林绿野田园夏景

图4-36 秦皇岛林绿野田园科普基地

（3）保护乡愁元素，传承场所记忆

在拆迁村原有大椿树节点处，秦皇岛林结合地形地貌对周边景观进行改造提升，形成古树乡愁景观节点（图 4-37～图 4-40）。

图4-37 秦皇岛林映水云居春景

图4-38 秦皇岛林映水云居夏景

图4-39 秦皇岛林映水云居秋景

图4-40 秦皇岛林映水云居冬景

绿色城市 美丽家园——雄安郊野公园规划与建设（上册） | 084
GREEN CITY, BEAUTIFUL HOME—PLANNING AND CONSTRUCTION OF XIONG'AN COUNTRY PARK(VOLUME I)

4.1.2 西部片区
　　——谱写雄安中轴线上的"大地楹联"，为 2025 年第五届中国绿化博览会铺设生态本底

1. 雄安林

基本情况

　　雄安林位于雄安郊野公园西部，是郊野公园内最大的岛屿。岛屿东西长约 1.8 千米，南北宽约 1.2 千米，西侧为郊野公园西湖区，北侧及东侧为保定林和石家庄林，南侧为远期规划主广场。总面积约 145 公顷，其中绿化面积 128 公顷，是郊野公园内面积最大的城市林（图4-41）。

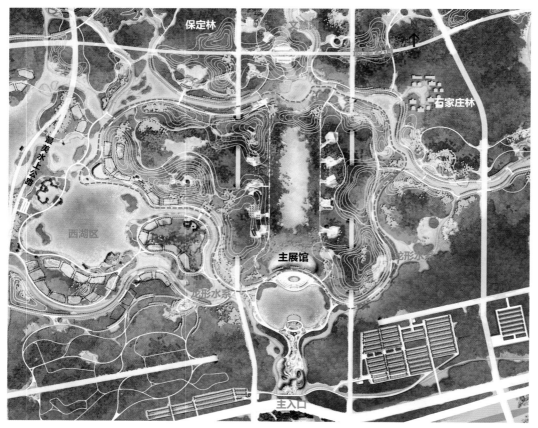

图4-41 雄安林平面图

设计理念

雄安林的设计理念为"高山景行，虚怀若谷；天地同源，万物共鸣"，通过园林的塑造手法，将高山仰止、景行行止、虚怀若谷、上善若水等哲学意境在岛上一一呈现，在对自然的赞美中引发出哲学情怀，使人与自然在此完美融合、和谐统一。雄安林在雄安中央轴线上谱写出一副"大地楹联"，上联以"日月星辰春夏秋冬山水林田湖"13个字书写自然风貌，下联以"琴棋书画松竹梅菊金木水火土"13个字书写人类文化，使自然风景与人文情怀相互映衬，相得益彰，富有诗情画意与人生哲理。

空间布局

雄安林处于南北中轴线上，西丘、东岗在轴线两侧强调空间序列，通过"一环入春林、两丘望雄境、四带诉诗情、多点绘画意"的景观结构，为游人创造了观山观水观四季、缘溪缘路缘人声的意境。沿中央溪谷两侧的银杏大道设置14处景观节点，分别对应大地楹联"梅菊金木水火土、秋冬山水林田湖"这14处景观（图4-42～图4-46）。

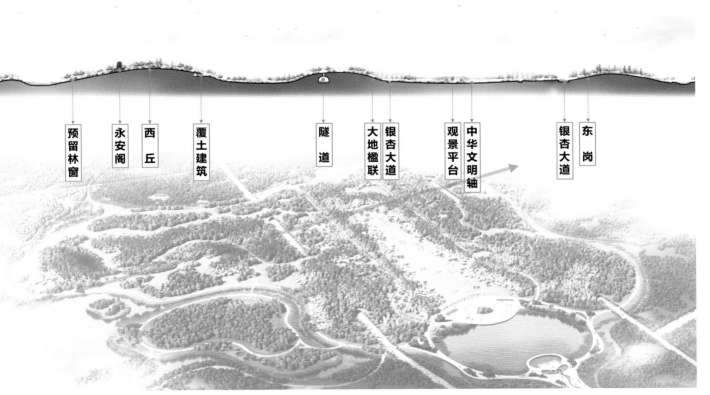

图4-42 雄安林空间布局结构

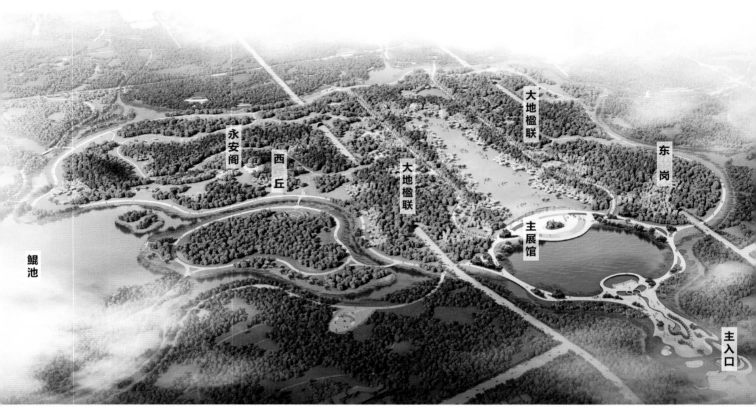

图4-43 雄安林鸟瞰及春景图

图4-44 雄安林夏景

图4-45 雄安林秋景

图4-46 雄安林冬景

特色亮点

雄安林14处景观各具特色，西侧自北向南分别为三梅共赏、菊台流云、金石为开、合抱之木、山林之镜、涅槃之火、九台累土7个主要景观节点，东侧则为行停观秋、苍松晴雪、拳石当山、曲水流觞、青林帷幄、乡田三耕、平山远水等景观节点。沿银杏大道行走，游人可体验到步移景异的游园乐趣。整个林区依据地形、种植规划营造了常绿林、春花林、秋叶林、花果林等（图4-47～图4-51）。

图4-47 雄安林大地楹联节点——曲水流觞

图4-48 雄安林中华文明轴效果图

图4-49 雄安林八纤径——于湖

图4-50 雄安林大地楹联节点——高山仰止

永安阁

西丘

预留林窗

鲲池

图4-51 雄安林永安阁

2. 保定林

基本情况

保定林位于雄安郊野公园北侧，临定州林和雄安林，南环规划河道，东临中华文明轴。其面积约 66 公顷，核心区面积约 27 公顷，位于园区西南角，被河道、最美乡路、岛屿包围（图 4-52、图 4-53）。

图4-52 保定林鸟瞰图

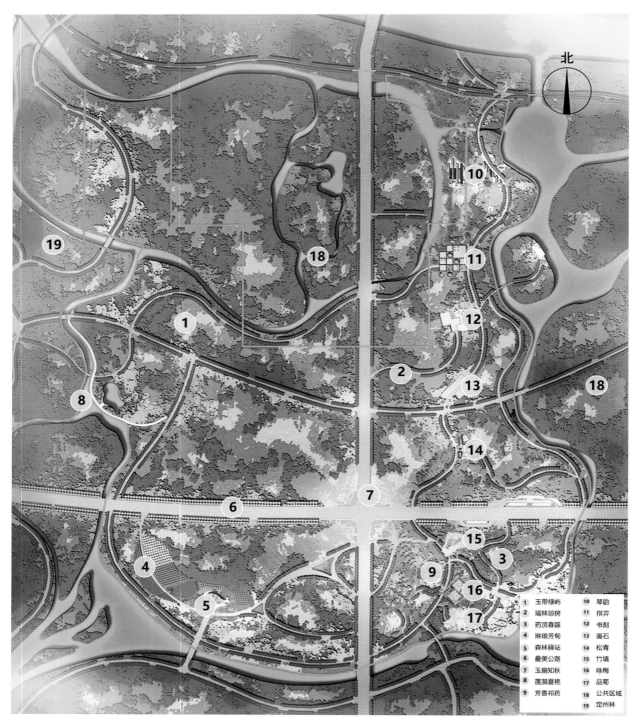

北

1	玉带绿屿	10	琴韵
2	瑶林琼树	11	棋弈
3	药浣春蕖	12	书刻
4	琳琅芳甸	13	画石
5	森林驿站	14	松青
6	最美公路	15	竹境
7	玉扇知秋	16	咏梅
8	莲漪夏艳	17	品菊
9	芳香祁药	18	公共区域
		19	定州林

图4-53 保定林平面图

设计理念

保定林位于南北中轴线西侧，在山形骨架基础之上，得文汇河川之趣；遵循上位规划，以林为体、以水为脉、以文为魂，形成"一轴一道一环四片区"的景观框架，根据上位重点打造中华文明轴景观，构建层峦松涧拥文源、琴棋书画松竹的景观序列，创造"山水保定•绿润雄安"的理想宜居图景。

空间布局

保定林采用"一轴一道一环四片区"的空间布局，通过围合的水系和流畅的园路体系，将生态林、常绿林、春花药林和核心果林串联，呈现生态、景观、经济相互结合且具有本土特征的森林景观空间（图4-54）。

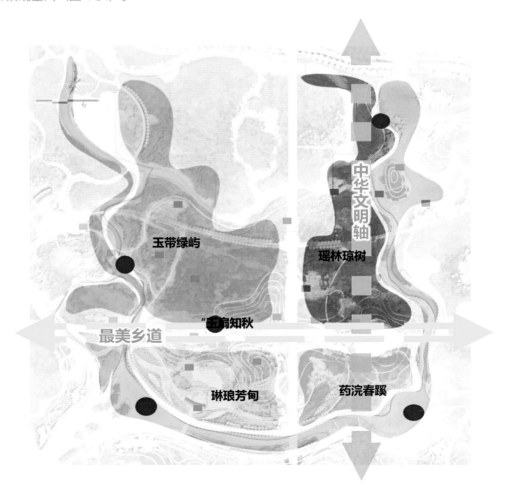

图4-54 保定林"一轴一道一环四片区"空间布局

特色亮点

保定林主要打造中华文明轴上"大地楹联"中的"琴、棋、书、画、松、竹"六大景观节点。其中，"琴韵"以琴弦为设计元素，取意于"五音疗疾"，结合安国市的药用植物设计一处疗愈花园，使游人在疗愈身体的同时，可以感受我国的古琴文化与药文化。"棋弈"是以棋盘为形打造的景观节点。"书香"取莲池书院的法帖，结合易水砚主题文化角，增加游园的互动体验。保定境内群山西峙，众水东瀛，有最为雄壮的"画境"。保定林借助保定这种天然的地势地貌，将中国画的工笔与写意相结合，利用园林设计的手法将保定西山东水的美丽画卷徐徐展开。"松风"将保定丰富的红色文化融入其中，营造慷慨悲歌、豪气侠义的氛围。"竹隐"打造一片竹园，中心节点展示保定直隶总督署内"公生明"的牌楼原型（图4-55～图4-57）。

图4-55 保定林最美乡道

图4-56 保定林琳琅芳甸

图4-57 保定林药浣春蹊

3. 石家庄林

基本情况

石家庄林位于雄安郊野公园中北部区域，西至规划水系，北接承德林，东至辛集林，南至规划东西主水系，项目占地面积 103 公顷，绿化面积 99 公顷，栽植苗木 4.6 万株、地被 20 公顷（图 4-58）。

设计理念

最美乡道横穿石家庄林，纵贯的多彩林将西柏坡之"红"与石家庄之"彩"融入其中（图 4-59～图 4-63）。

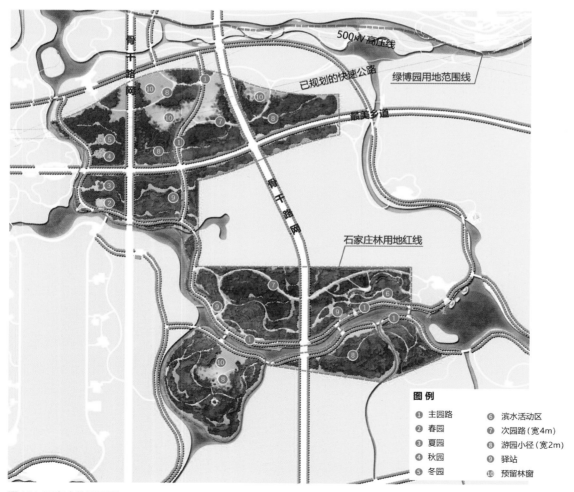

图4-58 石家庄林平面图

图4-59 石家庄林湿地林

图4-60 石家庄林花果林

图4-61 石家庄林鸟瞰图

空间布局

石家庄林通过近自然森林的营造方式进行种植规划，总体种植规划分为"两带三区"，形成如下景观：隔溪望堤——五彩花窗；最美乡道——十里红妆；襟湖带水——红缀河畔；滨水果林——硕果盈枝（秋实）；瀛洲侧境——春桃飞花（春花）；并沿城市林西侧设置"星、辰、春、夏"园，延续中轴线"大地楹联"节点（大地楹联为"日月星辰春夏秋冬山水林田湖""琴棋书画松竹梅菊金木水火土"）；合理规划次园路及游园小径，设置服务驿站、亲水平台等配套设施。

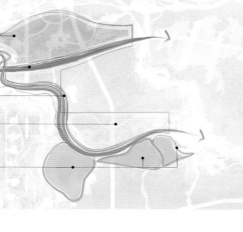

图4-62 石家庄林"两带三区"空间布局

图4-63 石家庄林春花林

特色亮点

石家庄林种植分区大致为常绿林、春花林、秋叶林、花果林、湿地林 5 种，通过这 5 种区域的种植特色，形成 "星、辰、春、夏" 的色彩表现，体现三季有花、四季有绿、秋冬出彩的生态文化内涵与景观风貌（图 4-64～图 4-71）。

图4-64 石家庄林之春：草长莺飞、百花争艳

图4-65 石家庄林之夏：夏树苍翠、绿树成荫

图4-66 石家庄林之秋：层林尽染、叠翠流金

图4-67 石家庄林之冬：银装素裹、苍松翠柏

图4-68 石家庄林春园

图4-69 石家庄林夏园

绿色城市 美丽家园——**雄安郊野公园规划与建设（上册）** | 104
GREEN CITY, BEAUTIFUL HOME—PLANNING AND CONSTRUCTION OF XIONG'AN COUNTRY PARK(VOLUME I)

图4-70 石家庄林秋园

图4-71 石家庄林冬园

4. 张家口林

基本情况

张家口林位于雄安郊野公园西部，北临南拒马河，南部与邯郸林接壤。所处位置原为林地，有着良好的林带基底，总面积约 100 公顷（图 4-72、图 4-73）。

❶ 出入口
❷ 花海森林
❸ 驿站
❹ 林窗
❺ 下沉空间
❻ 高压塔下
❼ 草原森林
❽ 滨水林带
❾ 春花混交林
❿ 秋叶混交林

图4-72 张家口林平面图

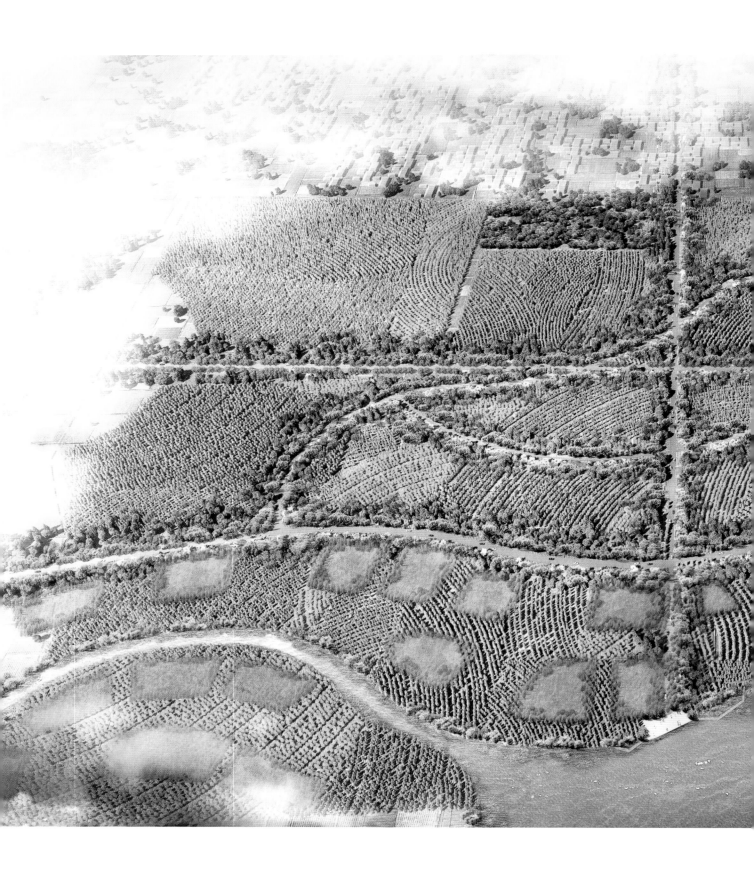

图4-73 张家口林鸟瞰图

设计理念

张家口林以"大好河山张家口、塞上明珠冬奥城"为主题，突出生态自然理念，体现以绿色发展为核心，以两山（燕山、太行山）两水（洋河、桑干河）为骨，以山体森林和草原湿地为屏的首都"伞形"生态环境支撑格局。

空间布局

在结合现有林的基础上，张家口林规划园内道路，依据现有空间，塑造满足植物生长的微地形，增加中下层，形成乔、灌、木复层种植空间，同时结合规划水系，打造滨水湿地景观；依照张家口城市林道路及节点分布，分析人流的动线和聚集点，合理布局，使整体动静结合（图4-74）。

出入口的乔木以银杏为主，周边搭配彩叶、色枝、观花植物，如紫叶小檗(彩叶植物)、红瑞木（观枝植物）及四季玫瑰（观花植物）等。三条园路两侧种植油松和白皮松，沿路搭配小乔木、花灌木，形成两到三个层次，突出特色植物组团。春季以观花为主，如玉兰、海棠、桃等；夏季以观郁郁葱葱的乔木林为主，如刺槐、栾树等，林下清爽遮阴；秋季以观叶和观果为主，如三角枫、五角枫、银杏、黄栌等；冬季以观常绿树为主，如云杉、桧柏等。

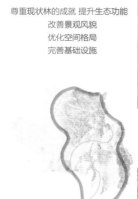

尊重现状林的成就 提升生态功能
改善景观风貌
优化空间格局
完善基础设施

森林

草原

湿地

在现有道路和规划道路基础上，
结合两山（脉）两水（系）、
山体森林和草原湿地的格局
规划张家口林道路骨架。
道路两侧加大种植力度，
用高规格、
多品种、
多层次的绿化手法，
达到有遮有透
近自然林景观效果。
实现生态性、经济性、景观性的有效结合。

	项目范围
---	现状水泥路及排水沟
---	园区规划主路
---	2019春季造林路
---	高压电线
---	规划增加路径

图4-74 张家口林空间布局

特色亮点

张家口林以生态林为主、秋叶林为辅，优化林地空间格局，完善内外交通组织、休闲健身与基础服务设施；用高规格、多树种、多层次、多色彩的绿化美化手法，构建绿化、彩化、香化复合生态体系，达到有遮有透、自然舒畅的生态景观效果，同时注重生态效益、景观效益、经济效益、社会效益的有机结合（图 4-75 ～图 4-77）。

图4-75 张家口林之夏

图4-76 张家口林之秋

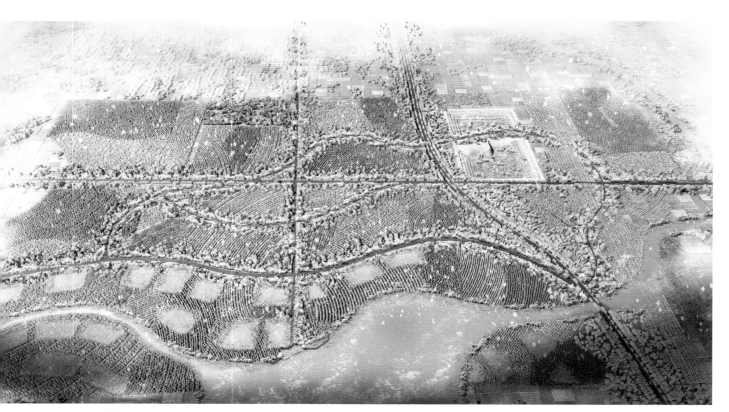

图4-77 张家口林之冬

5. 邯郸林

基本情况

邯郸林位于雄安郊野公园西南部，西起西边界路，东临邢台林，北接张家口林，南至容易线，规划面积 100 公顷。主要规划了常绿林、春花林、秋叶林、花果林等，栽植苗木 3.2 万株、地被面积 38 公顷（图 4-78、4-79）。

邯郸林主要节点：
① 雄安郊野公园西入口
② 主要入口
③ 次要入口
④ 入口标识
⑤ 入口服务建筑（公厕、售卖、问询、寄存、医疗、餐饮）
⑥ 林中服务建筑（公厕、售卖、工具间）
⑦ 配电站

邯郸林十景：
① 层林尽染
② 岁寒劲松
③ 白果秋露
④ 槐南一梦
⑤ 菊香疏影
⑥ 长林丰草
⑦ 海棠锦暖
⑧ 玫香芳郁
⑨ 竹抱松茂
⑩ 丝棉映雪

图 4-78 邯郸林平面图

图4-79 邯郸林鸟瞰图

设计理念

邯郸林的总体定位为"生态涵养林，印象彩叶林"；以生态性为原则，打造森林基底，起到涵养土地、生态防护的作用。设计根据场地现有的种植形式，提取邯郸赵文化"完璧归赵"典故中的"和氏璧"元素，与邯郸高台建筑文化结合，形成圆台形式；局部节点提取杨氏太极文化元素，以简约统一的设计手法串联出"珠联璧合"的大地景观效果。

空间布局

邯郸林总体布局为："四带四团，一环十景"。"四带"即四条规划道路两边的特色景观带，"四团"即四个以特色种植林为主的景观组团，"一环"即一条贯穿整个林区的最美森林环线，"十景"为十个主要景观节点，分别为层林尽染、岁寒劲松、槐南一梦、白果秋露、菊香疏影、长林丰草、玫香芳郁、海棠锦暖、竹抱松茂、丝棉映雪（图4-80～图4-86）。

特色亮点

（1）近自然栽植

邯郸林采用"异龄、复层、混交"的栽植模式，构建近自然生态系统，依据地势和环境，模拟天然森林的生长情况，87种乔木、28种灌木、35种花草充分混交，除行道树外，做到了"十米不同树，百米不同林"，既有效防止了病虫害的暴发，又为周围的野生动植物提供了良好的生存环境。

（2）文化底蕴深厚

邯郸林为彰显邯郸市高台文化及和氏璧元素，特打造了多个圆台

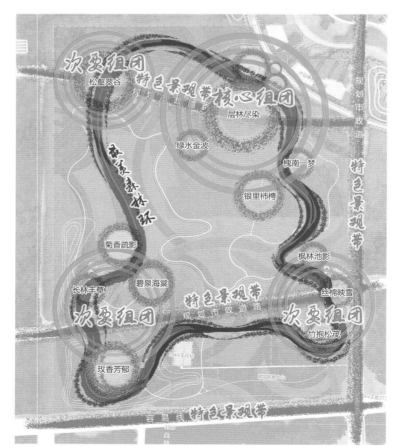

图4-80 邯郸林"四带四团，一环十景"空间布局

景观，种植文化底蕴深厚的银杏、云杉、槐树、玫瑰等植物，在部分高台旁边打造同等规格大小的圆形洼地，形成阴阳互补的形态，兼顾排水蓄水的功能。在核心景观节点修建的驿站形如和氏璧，驿站中央水系采用太极图案，太极广场坐凳采用八卦图案，充分彰显了邯郸的太极文化。

（3）景观效果层次丰富

邯郸林植物设置丰富，二级园路两侧种植 5 种行道树，搭配以多种灌木、花草，形成四季有景、五彩缤纷的景观效果，如种植有春季盛开的二月兰、海棠，夏季盛开的金鸡菊、萱草、石竹，秋季树叶变色的美国红枫、银杏，以及丝棉木、云杉等。

图4-81 邯郸林之春：层林尽染

图4-82 邯郸林之春：层林尽染二

图4-84 邯郸林之春：碧泉海棠

图4-83 邯郸林之夏：绿水金波

图4-85 邯郸林之秋：菊香疏影

图4-86 邯郸林之冬：松壑翠谷

6. 邢台林

基本情况

邢台林位于雄安郊野公园西南部，与雄安林和邯郸林相邻，总面积 68 公顷（图 4-87）。

设计理念

邢台林设计理念为"仰望星空，守望未来"。"仰望星空"是从历史角度，以郭守敬文化为出发点，构建一个以日月星河为亮点的风景林。"守望未来"是指采用近自然造林的手法，为我们的未来——儿童，打造一个动态演变的森林。

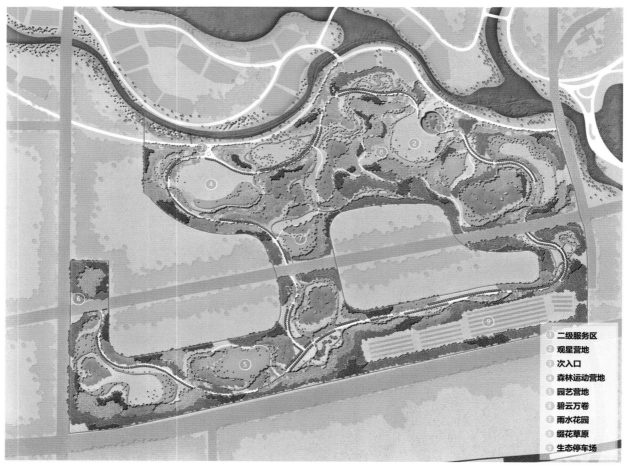

① 二级服务区
② 观星营地
③ 次入口
④ 森林运动营地
⑤ 园艺营地
⑥ 碧云万卷
⑦ 雨水花园
⑧ 缀花草原
⑨ 生态停车场

图4-87 邢台林平面图

空间布局

邢台林规划设计总体布局为"一心一环三带"。"一心"为城市林核心区；"一环"为星空森林环；"三带"为滨水游憩林带、印象彩叶林带与防护隔离林带（图 4-88～图 4-90）。

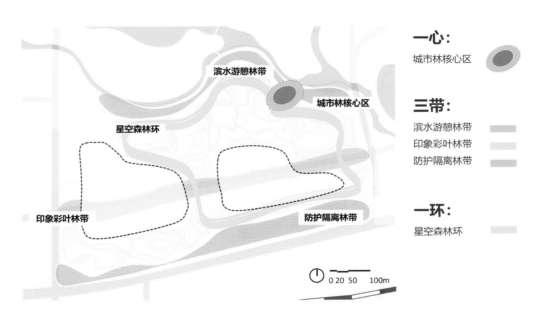

图4-88 邢台林"一心一环三带"空间布局

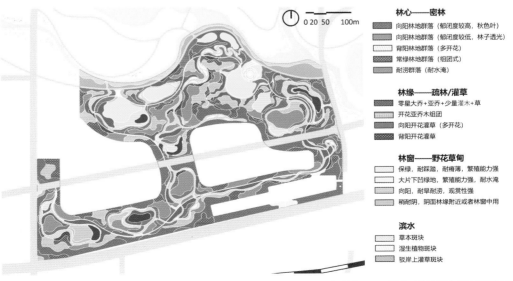

图4-89 邢台林"一环三带多点"的近自然林营造结构

防护隔离林带

生态停车场

邢台林核心

最美水上公路林带

君云万卷

滨水游憩林带

西湖

图4-90 邢台林平面图

特色亮点

邢台林按照高标准、高质量建设雄安新区的要求，长远考虑城市林的动态变化与发展，创新性地尝试参数化设计，结合邢台的天文文化，为雄安打造一片以日月星河为文化亮点、符合未来生态建设发展的近自然城市森林(图4-91～图4-94)；采用近自然的栽植方式形成初级群落，

图4-91 邢台林春景

图4-92 邢台林夏景

以先锋树种保绿，优势树种可以长期稳定群落结构，符合雄安生态建设面向未来的长远规划；依托雄安郊野公园建设，展示邢台约 3 500 年的历史文化底蕴；构建海绵型的山水体系，通过自然起伏的缓坡绿地来组织内部的排水集雨系统，符合海绵城市的建设要求。

图4-93 邢台林秋景

图4-94 邢台林冬景

4.1.3 北部片区

——依托南拒马河生态堤，营造"北雄南秀，林枕花溪"的景观风貌

1. 承德林

基本情况

承德林位于雄安郊野公园北部区域，临南北中轴线，北依南拒马河大堤，南接秦皇岛林、

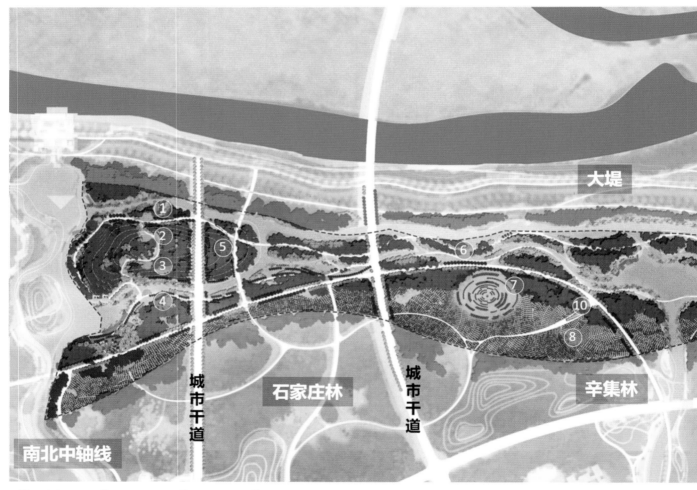

① 日光台	④ 辰光台	⑦ 和合绿核	⑩ 出入口
② 月影台	⑤ 山林锦绣	⑧ 松云林海	⑪ 彩林阡陌
③ 星云台	⑥ 醉花溪	⑨ 金缕栈道	⑫ 凌波云影

沧州林、辛集林、石家庄林，总面积约 67 公顷，地带呈狭长形，东西长 3 035 米，南北最宽 550 米，最窄 90 米，被誉为郊野公园的"金腰带"（图 4-95、图 4-96）。

设计理念

承德林以"美丽高岭，大美生境"为设计理念，以塞罕坝精神为内涵，以承德生态文明建设成就为蓝本，以承德自然地理特征为基底，统筹山、水、林、田、湖、草等核心要素，构建蓝绿交织、水草丰美、花团锦绣的林苑空间及"林为体、水为脉、文为魂"的风景画卷。

图4-95 承德林平面图

日光台

月影台

星云台

辰光台

① ② ③ ④

图4-96 承德林鸟瞰图

空间布局

承德林空间布局结构为"三线（堤顶活力交通线、堤下灿烂花林线、悠扬水系线）四核（问珠寻源、醉溪清影、秀缕团锦、凌波云影）一林海（南侧的松林云海）"，以代表塞罕坝精神的"和合绿核"为核心，重点刻画"花溪林海"景观。沿城市林西侧设置日光台和月影台，延续中轴线"大地楹联"节点（大地楹联为"日月星辰春夏秋冬山水林田湖""琴棋书画松竹梅菊金木水火土"）（图4-97～图4-101）。

特色亮点

承德林遵循适地适树、造林手法与园林艺术结合、造林与营林并重、生态性与经济性兼顾的原则，塑造微地形13.4公顷，开挖水系4.9公顷，铺设地下灌溉管道近3万米，地被喷灌管网实现全覆盖；共栽植油松、国槐、金叶榆、五角枫、白蜡树、楸树、海棠、山荆子、黄栌、山楂、紫叶碧桃等38种树木38 569株；栽植大花萱草、八宝景天、二月兰、鸢尾、蛇莓、紫花地丁、葱兰、粉黛乱子草、麦冬等地被植物25种38.4公顷，呈现出乔灌结合、针阔混交、高低错落，三季有花、四季有绿、秋冬出彩的景象。

图4-97 承德林云游埭

三线、四核、一林海

云游堤（活力交通线）

花林醉（灿烂花林线）

醉花溪（悠扬水系线）

松林海（现状松林）

问珠寻源

移天缩地，承避暑山庄之野趣；
问珠寻源，绘中华文明之锦绣

醉溪清影

合和绿核，扬塞罕坝之精神；
醉溪清影，营柳暗花明之境

秀缕团锦

三线交织，蕴文明发展之融合；
秀缕团锦，望溪田交融之辽远

凌波云影

众彩纷呈，描生态文明之灿烂；
凌波云影，寄怡乐山水之情愫

图4-98 承德林"三线四核一林海"空间结构

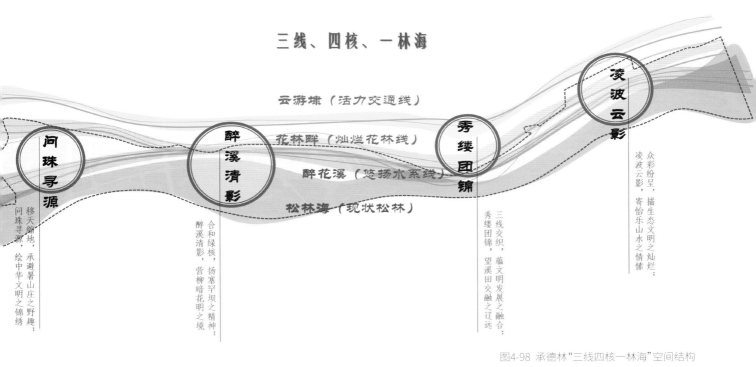

图4-99 承德林秀缕团锦

图4-100 承德林醉花溪

图4-101 承德林和合绿核

2. 定州林

基本情况

定州林位于雄安郊野公园西北角，南北中轴线西侧，北倚南拒马河大堤，东临保定林，占地面积 40 公顷，核心面积约 4 公顷（图 4-102）。

设计理念

定州林以"中山古都，绿色幻彩"为设计理念，将定州的空间形态融入场地布局，并且提炼"中山八景"中的四景的意境，使人梦回中山（图 4-103）。

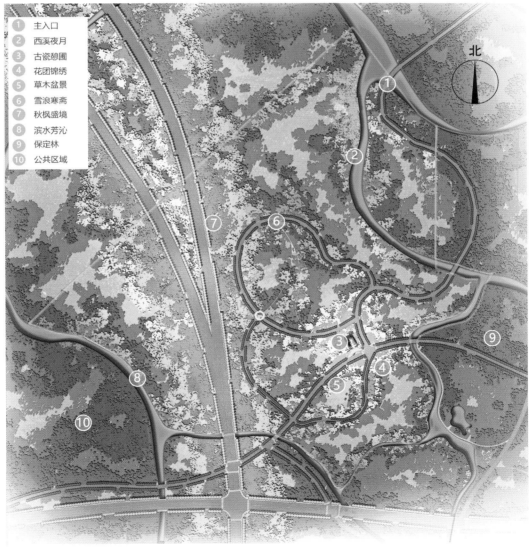

① 主入口
② 西溪夜月
③ 古瓷憩圃
④ 花团锦绣
⑤ 草木盆景
⑥ 雪浪寒斋
⑦ 秋枫盛境
⑧ 滨水芳沁
⑨ 保定林
⑩ 公共区域

北

图4-102 定州林平面图

图4-103 定州林鸟瞰图

空间布局

定州林采用"一轴一带四林区"的空间布局，通过围合的水系和流畅的园路体系，将生态风景林、印象彩叶林、春花林和滨水生态林串联，呈现生态、景观相互结合的具有本土特征的森林景观空间（图 4-104）。

特色亮点

定州林的设计引用唐代著名诗人崔护"人面桃花"的典故，以桃花为主要彩色树种，结合总体种植要求，打造"十里桃花"的别样盛景，突出定州苗木产业的雄厚，以古城林业博览展现生态创新的城市林（图 4-105 ～图 4-108）。

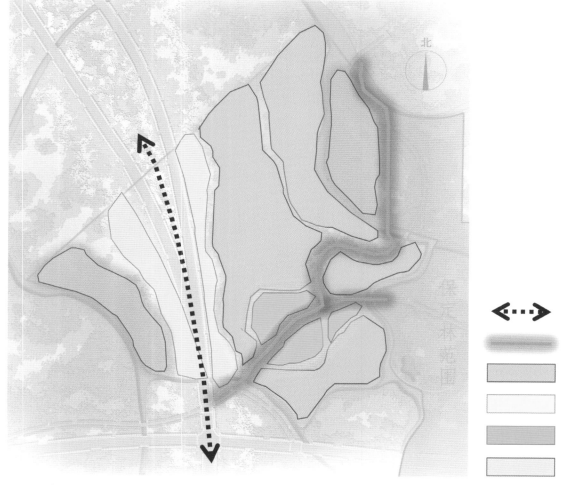

图4-104 定州林"一轴一带四林区"空间布局

图4-105 定州林古瓷憩圃（春景）

图4-106 定州林西溪夜月（夏景）

图4-107 定州林秋枫盛境（秋景）

图4-108 定州林雪浪寒斋（冬景）

绿色城市 美丽家园——雄安郊野公园规划与建设（上册） | 136
GREEN CITY, BEAUTIFUL HOME—PLANNING AND CONSTRUCTION OF XIONG'AN COUNTRY PARK(VOLUME I)

4.1.4 中部片区

——结合区域内的一般耕地，描绘"瓜果花田，田园牧歌"式的都市田园画卷

1. 沧州林

基本情况

沧州林位于雄安郊野公园中部片区，面积 68.4 公顷。中部有最美公路（横一路、纵五路）穿过，周边分别为辛集林、廊坊林、秦皇岛林（图 4-109）。

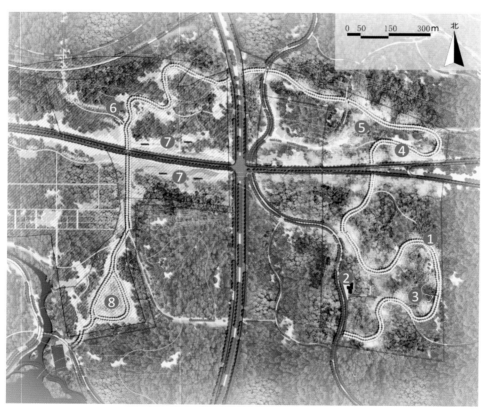

❶ 沧海之州
❷ 运河人家（二级服务驿站)
❸ 乡愁记忆（最美大树)
❹ 运河印象
❺ 旱溪花谷
❻ 百枣园
❼ 运河花海
❽ 桃花岛

图4-109 沧州林平面图

设计理念

沧州林以"运河印记，绿色沧州"为主题，以生态覆绿为基本原则，突出生态造林，兼顾文化表达，模拟沧州运河的标志性河湾形态，打造运河金叶林带，保留"最美大树"，体现绿色乡愁；营造既具有生态防护、生态涵养等功能，又能与观光、采摘、休闲产业相结合的生态之林（图 4-110～图 4-114）。

空间布局

一条金色运河串联八处景观节点，形成"一河八景"的景观布局。

"一河"即金色林带形成的金色运河。

"八景"分别为运河人家（二级服务驿站）、乡愁记忆、沧海之州、运河印象、旱溪花谷、百枣园、运河花海、桃花岛等景观节点。

特色亮点

（1）利用金叶林带模拟沧州运河的标志性河湾形态

沧州是运河流经里程最长的城市，运河成为沧州市重要的精神地标。因此，在沧州林中栽植金叶榆，模拟运河形态，使其形如一条金色运河流淌在郊野公园的绿林之中。金叶林带成为郊野公园中一道亮丽独特的风景线，彰显沧州特色，体现生态文明建设的成就。

（2）栽植沧州地域特色树种

栽植沧州特色树种——梨树、枣树等，设置林中休憩场地，打造百果园，营造百果飘香的氛围。

（3）结合现有大树，体现绿色乡愁

保留村庄内的现有大树，形成能为百姓留下乡愁记忆的"最美大树"，使其成为沧州林中的特色景观，体现雄安的绿色乡愁。

（4）充分利用现状坑塘，形成生态花园

依据生态造林的原则，最大限度减少土方工程量，将现状坑塘、低洼地连通形成谷地，栽植地被、增加卵石，形成旱溪花谷景观。

图4-110 沧州林鸟瞰图

图4-111 沧州林之春：春花烂漫

图4-112 沧州林之夏：绿柳依依

图4-113 沧州林之秋：层林尽染

图4-114 沧州林之冬：遒劲苍翠

2. 辛集林

基本情况

　　辛集林位于雄安郊野公园中部，北靠承德林，西临石家庄林，东接沧州林，南与龙形水系相连。辛集林总投资 4 000 万元，占地面积 45 公顷，其中道路水系占地 5.3 公顷，绿化用地 39.7 公顷（图 4-115、图 4-116）。

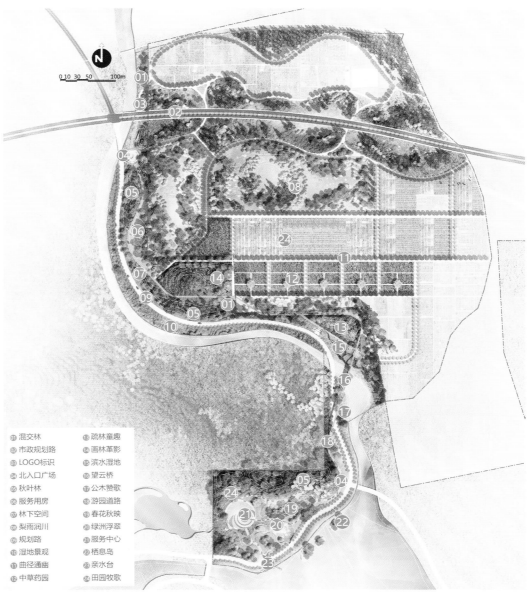

图4-115 辛集林平面图

春有百花秋有月
夏有凉风冬有雪
莫将闲事挂心头
便是人间好时节

释绍昙诗 登涛书

图4-116 辛集林鸟瞰图

设计理念

辛集林以"诗画束鹿"为主题，塑造森林生态区与田园风光区，形成森林景观与田园风光相互融合的总体景观风貌。

空间布局

辛集林以生态覆绿为基本准则，营造"两轴两心四节点"的景观结构。"两轴"为最美乡道轴、龙形水系轴，"两心"为两个驿站中心，"四节点"为入口广场、文化林廊、滨水平台、田园风光，打造疏林远阔、林水相映、梨雨润川、田园牧歌的特色景观。

特色亮点

辛集林由常绿林、春花林、秋叶林、花果林等组成。常绿林以白皮松、云杉、油松为主；春花林以独秆金银木、高秆乔木紫藤、高秆紫叶稠李、高秆巨紫荆为主；秋叶林以银杏、黄栌、美国红枫为主；花果林以黄冠梨、鸭梨、山楂、文冠果为主。辛集林通过合理配植最终形成以"异龄、复层、混交"为特点的健康稳定的森林生态系统，在景观效果上呈现出"三季有花，四季常绿，全年有景"的优美林区效果。各类果树占地面积约 20 公顷。金秋十月，硕果飘香，游客可在辛集林中深切地感受到五彩斑斓的各种果实挂满枝头的丰盈景象。辛集林另有紫竹林、青竹林，林下地被以蒲公英、紫花地丁、黄芩、射干、知母等中药材为主（面积 19.2 公顷）。辛集林共计栽植乔木、亚乔木、竹林、花灌木等 100 余种、16 775 株（图 4-117 ～图 4-120）。

图4-117 辛集林春景

图4-118 辛集林秋景

图4-119 辛集林冬景

图4-120 辛集林夏景

4.2
城市园篇

河北省城市园位于雄安郊野公园东部园区，由河北省 14 个地级行政区（11 个地级市及雄安新区、辛集市、定州市）共同建设完成（表 4-1）。14 个城市园以东湖为核心，形成"一湖四片"组团式布局结构，使 14 个展园既组团成景又各具特色，打造集吃、住、游、购于一体的旅游度假胜地（图 4-121、图 4-122）。

表 4-1 雄安郊野公园城市园

序号	城市园	功能定位
1	雄安主场馆	商业综合体
	雄安园	科技展示体验馆
2	唐山园	生态园林配套服务设施
3	秦皇岛园	海洋馆
4	辛集园	儿童嘉年华
5	定州园	瓷艺馆
6	衡水园	水上音乐厅
7	沧州园	武术馆
8	廊坊园	文化艺术馆
9	张家口园	体育馆
10	石家庄园	红色文化主题公园
11	承德园	鹿苑
12	邢台园	国医馆
13	保定园	国学馆
14	邯郸园	中式生态配套服务设施

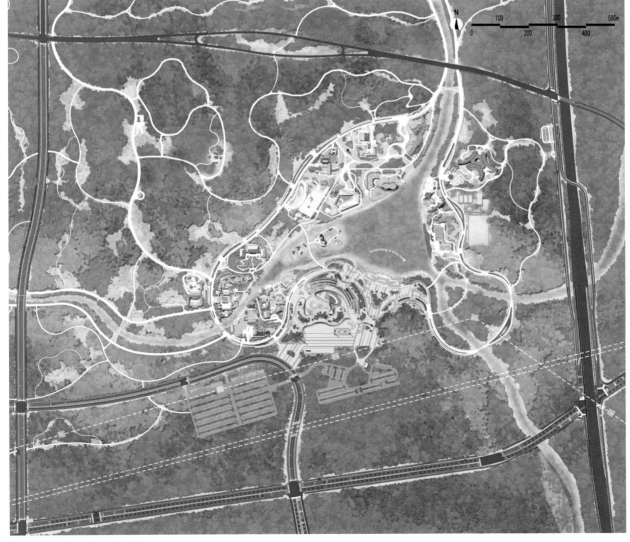

图4-121 雄安郊野公园东部展园平面图

图4-122 雄安郊野公园东部展园鸟瞰图

绿色城市 美丽家园——雄安郊野公园规划与建设（上册） | **152**
GREEN CITY, BEAUTIFUL HOME--PLANNING AND CONSTRUCTION OF XIONG'AN COUNTRY PARK(VOLUME I)

1. 雄安主场馆

基本情况

雄安主场馆位于雄安郊野公园东部园区，占地面积约 4.7 万平方米，建筑面积约 5.3 万平方米，其中地上建筑面积约 2.6 万平方米，地下面积约 2.7 万平方米，是一座地下 1 层地上 3 层的优美曲线形覆土建筑，主要为游客提供综合性服务，展示雄安生态文明建设成果 (图 4-123)。

设计理念

雄安主场馆以"大地雄心"为设计理念，采用覆土建筑形式，将 5.3 万平方米的综合性场馆全部覆盖在坡地以下，建筑形体与大地融为一体，含蓄有力，一气呵成。从空中俯瞰，主场馆犹如一颗绿色的心，引领着整个郊野公园在湖畔起伏跳动，展示出雄安新区坚持生态优先、绿色发展，建设生态宜居新城区的决心和信心（图 4-124～图 4-126）。

图4-123 雄安主场馆平面图

图4-124 雄安主场馆鸟瞰图一

图4-125 雄安主场馆鸟瞰图二

图4-126 雄安主场馆鸟瞰图三

空间布局

雄安主场馆的建筑功能主要为展厅、商业用房、会议用房、住宿服务、车库、餐饮用房等（图 4-127～图 4-133）。其中，住宿面积约 2 万平方米，展厅面积约 1 万平方米，商业面积约 8000 平方米，地下车库及机房面积约 9 000 平方米，其他辅助空间及室外连廊面积约 5 000 平方米。

雄安主场馆庭院南侧主要用作展厅、商业活动场地，分为地上一层和地下一层。地上一层居中布置了展厅空间，地下一层为展厅、停车场和机房。

庭院北侧为配套服务设施区，该部分为地下一层、地上三层。地下一层为美食餐厅、厨房、健身房和管理办公等设施空间。地上三层为住宿区。房间沿坡地呈弧形退台布置，都有朝向湖面水景的观景露台。

建筑内部装修结合具体功能和建筑设计风格，凸显绿色生活主题，整体的装修风格现代简约，展厅以装饰混凝土为主材，引入室内绿植，打造具有自然气息的内部空间。配套服务设施区则通过使用木饰面材料、软包材料，营造温暖舒适的居住环境。

建筑外表面掩盖在覆土下方，入口及内庭院侧面露出来的立面多为具有采光和室内通风功能的落地玻璃门窗，局部少量实墙采用仿混凝土的装饰抹灰，打造质朴、自然、室内室外融合贯通的建筑效果。

特色亮点

雄安主场馆的设计传承中华建筑文化基因，吸收世界优秀建筑设计理念和手法，坚持开放、包容、创新，坚持绿色、节能、环保。主场馆建筑外轮廓采用曲线造型，优美的曲线轮廓与周边自然园林和谐统一，既有古典神韵又具现代气息，灵动自然、优美飘逸，蕴含着人与自然和谐共生的中国智慧，展示着刚柔并济的东方美学和虚实共融的东方哲学。

图4-127 雄安主场馆广场效果图一

图4-128 雄安主场馆广场效果图三

图4-129 雄安主场馆中心庭院效果图

图4-130 雄安主场馆入口大厅效果图

图4-131 雄安主场馆展厅效果图

图4-132 雄安主场馆中央展厅效果图一

图4-133 雄安主场馆中央展厅效果图二

2. 雄安园

基本情况

雄安园位于东湖核心岛屿上，四面环水，与若干岛屿及周边河道融为一体，利用人行桥与雄安郊野公园主体连接。展园面积约为 13 850 平方米，展馆总面积 1 447 平方米（图 4-134、图 4-135）。

设计主题

雄安园以"数字雄安——感知未来生活"为主题，以白洋淀荷塘苇海的自然景观为基底，展现雄安新区高科技智能数字系统建设成果；通过展示雄安新区未来生活的可能，提供多维度体验未来生活的空间，同时利用科技展示未来的人与自然。

白洋淀航拍（部分）

① 园区二级路
② 展园主展馆
③ 入口栈道
④ 荷塘苇海（荷塘景观）
⑤ 云影苇趣（淀泊风光）
⑥ 眺望平台
⑦ 观荷平台

图4-134 雄安园平面图

空间布局

　　雄安园模仿白洋淀荷塘苇海的自然肌理，分布于大小不同的岛屿上。展馆占据其中最大的岛屿，其他小型智能化主题户外展陈空间通过栈道串联，散布在各个岛屿上，与展馆共同构建出一条连续的室内外游览线路。

　　主入口与出入步行桥相连，从展园入口经由下沉坡道可进入雄安智能展馆，展馆首层分为一主两副三个部分，地下一层三个空间贯通，主要为展览空间，分为绿色低碳之城、智能数字之城和创新发展之城三个主题展区。

图4-135 雄安园鸟瞰图

特色亮点

（1）荷塘苇海意境的营造

9 个大小不同的岛屿以芦苇打底，穿插荷塘，结合建筑、平台栽植特色耐水湿观赏草，形成具有现代景观的白洋淀风貌。岛上移栽榆树、槐树、旱柳等在地老树，寄托乡愁（图4-136）。

（2）独特的展馆建筑

雄安展馆为覆土建筑，塑造了三组贝壳从水中升起的意象，每一只贝壳都隐藏着灵动的内涵，怀揣着一个饱含着智慧、创意的世界。建筑表皮采用竹钢仿木材料，以其自身素朴、自然的质感，融入雄安园荷塘苇海的自然风貌中，与展园环境形成一体。同时，在树木凋零、色彩单调的冬季，竹钢材料可以丰富展园的色彩，增加展园的色彩丰富度（图4-137～图4-143）。

图4-136 雄安园苇海码头效果图

图4-137 雄安园展馆入口效果图

图4-138 雄安园展馆屋顶平台效果图

图4-139 雄安园展馆单体图

图4-140 雄安园展馆室内休闲区及主题展示墙效果图

图4-141 雄安园展馆展示大厅效果图

图4-142 雄安园展馆展厅效果图

图4-143 雄安园展馆沉浸空间效果图

（3）室内外联通的展览故事线

雄安园室内外展陈统一在新时代绿色、智能、创新的 "雄安质量" 主题中，以此来呼应人类对未来城市、数字雄安美好生活的向往（图 4-144）。室内外游线贯通，可引导游人从展馆来到自然岛屿，纵览东部展园和雄安主展馆，感受人与自然和谐共生的高水平的社会主义现代化城市。

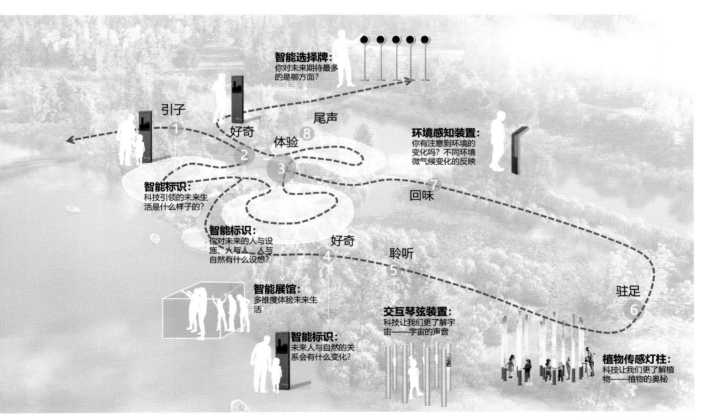

图4-144 雄安园故事动线

绿色城市 美丽家园——雄安郊野公园规划与建设（上册） | 166
GREEN CITY, BEAUTIFUL HOME—PLANNING AND CONSTRUCTION OF "XIONG'AN COUNTRY PARK(VOLUME I)

3. 唐山园

基本情况

唐山园位于郊野公园的东部园区，与辛集园、秦皇岛园隔路相望，西侧临郊野公园一级园路，东侧距京雄高速约 350 米，占地面积 3 万平方米，建筑面积约 1.9 万平方米（图 4-145）。

设计主题

唐山园以"英雄城市，凤凰涅槃"为主题，主体设计遵循科技创新、绿色生态发展的理念，主体由三段错落有致的弧形建筑组成，形态自然流畅，融于周边环境，三栋建筑的围合区为中庭，中庭环抱露天绿色庭院，更显自然。

展园核心景观区总面积约 8 000 平方米，主要承担展园景观游览、文化展示功能，整体布局是由飞舞的凤凰演绎而来的。景观组织以凤凰形态为设计骨架，以唐山城市转型成果为文化线索，以唐山生态建设成就为展示窗口，进行整体构思及人文景观的构建。

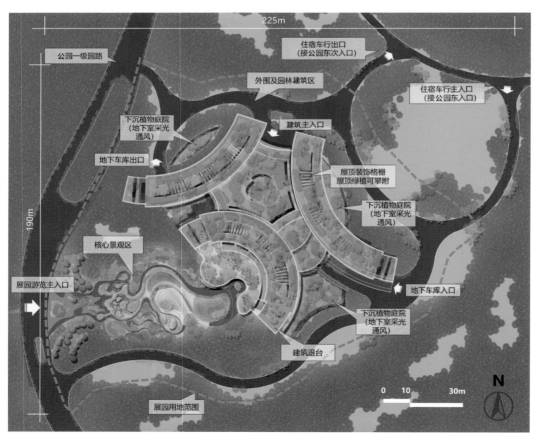

图4-145 唐山园平面图

空间布局

园林区占地约为2.3万平方米，建筑面积为1.9万平方米，配套餐饮区、会议室、商务休闲区、停车场等服务设施，是郊野公园片区内集沉浸式景观体验、食宿、会议为一体的服务设施。

全园共种植景观植物约200种，其中乔木类30余种，小乔木及花灌木类40余种，矮灌木及地被类120余种，乔、灌、草比例约为3∶4∶6，形成多彩花境、野趣草境及滨水湿生植物组团等一系列特色植被生境。园区结合唐山市绿化领域成就，在保证植物成活率的前提下，进行特色种植展示，打造独具唐山特色的"板栗园""安梨园""玫瑰园"（图4-146、图4-147）。

图4-146 唐山园鸟瞰图

图4-147 唐山园入口效果图

特色亮点

在建筑结构设计方面，唐山园采用首创的 CSM （混凝土＋钢结构＋模块化）组合结构体系，突破了多种难题。在模块化建筑方面，唐山园实现两大突破：开拓性地使用模块化钢结构建筑体系，设计使用年限 50 年，突破了国内模块建筑领域的限制；项目模块集成体系创新技术——自主研发的注浆节点突破了模块建筑结构设计瓶颈（图 4-148 ～图 4-151）。

图4-148 唐山园生态建筑屋顶花园效果图

图4-149 唐山园展馆立面效果图

图4-150 唐山园生态建筑效果图一

图4-151 唐山园生态建筑效果图二

4. 秦皇岛园

基本情况

秦皇岛园位于雄安郊野公园的东湖东岸，东临园区道路，西临园区湖面，北临辛集园和唐山园，占地面积约 1.3 万平方米，建筑面积 4 485 平方米（图 4-152）。

设计主题

秦皇岛园以"海洋文化"为主题，展馆主体建筑以秦皇岛沿海奔流翻涌的海浪为设计概念，整体建筑造型以轻盈化、标志化为思路，建筑屋顶模拟海浪造型，建筑结构主体立面的玻璃幕墙模拟海水向后略微倾斜，以衬托海浪奔涌的灵动和气势，搭配浪花造型的室外地面铺装和秦皇岛本土海沙营造湖边"海滩"（图 4-153）。

空间布局

根据功能需求，展馆被设置为一大一小组团式结构。其中平面布局中的大组团为海洋馆观光游憩区，设置珊瑚、水母、鱼类展示区，海底隧道以及互动体验和科普宣教区等，面积为 1 782 平方米。

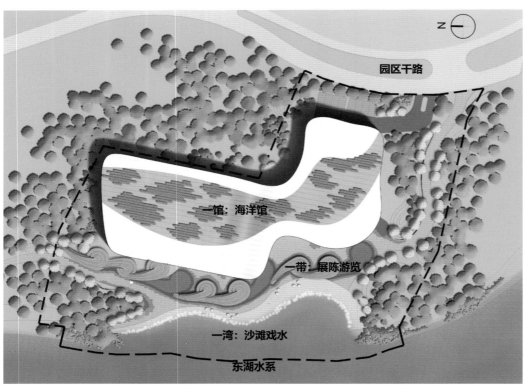

图4-152 秦皇岛园平面图

平面布局中的小组团为综合服务区，面积为1 547平方米，设置为二层结构，内设海洋餐厅，可容纳50余人同时就餐，配以鱼类、贝类标本展示橱窗，可使游客了解海洋生物；纪念品展示区展示多样的本土特产，供游客选择。

　　地下室为小型汽车停车库及配套设备用房，面积为1 155平方米，可停放14辆小型汽车，其中6个车位预留充电桩。整个停车库属小型汽车库。

　　主展馆周边设置海浪花造型的艺术地形、人工沙滩、植物种植区、秦皇岛海洋主题鱼群导引艺术装置、室外设备预留区等（图4-154～图4-159）。

图4-153 秦皇岛园鸟瞰图

特色亮点

1）展馆整体采用现代风格，从海浪中提取设计元素，作为屋顶形态的主要依据，呼应周边环境，外墙采用玻璃幕墙饰面，东西向区域设置冲孔铝板以遮挡日光，屋顶采用浅蓝色和银白色两种颜色的金属板材，模拟浪花的形态。

2）利用秦皇岛本地海沙营造湖边"海滩"，力求使游客充分感受秦皇岛的海滨特色。

3）海洋馆内展示 50 余种海洋生物，约 4 000 尾鱼，其中大部分为热带鱼类，颜色十分绚丽，营造五彩斑斓的海底世界效果。

图4-154 秦皇岛园海洋馆效果图一

图4-155 秦皇岛园海洋馆效果图二

图4-156 秦皇岛园海洋馆接待大厅效果图

图4-157 秦皇岛园海洋馆展厅效果图一

图4-158 秦皇岛园海洋馆展厅效果图二

图4-159 秦皇岛园海洋馆海底观光隧道效果图

5. 辛集园

基本情况

辛集园位于雄安郊野公园东部湖区东岸，临水而建，占地面积 8 800 平方米，建筑面积约 3 034 平方米（图 4-160）。

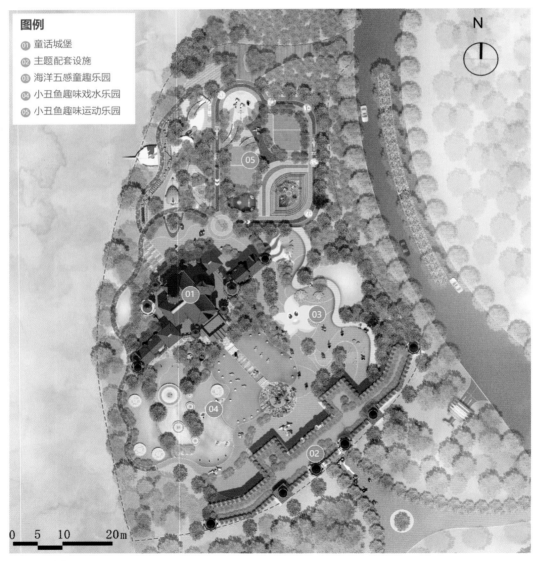

图4-160 辛集园平面图

设计主题

辛集园以"儿童嘉年华"为主题，其功能布局为"一心一轴五区"。"一心"为中心娱乐区，"一轴"为中央景观轴，"五区"包括童话城堡区、海洋五感童趣乐园、小丑鱼趣味戏水乐园、小丑鱼趣味运动乐园、特色配套服务建筑等多个特色场馆，通过多种维度的感官体验，让儿童体会到美好的童话般的乐趣（图 4-161 ～图 4-168）。

图4-161 辛集园鸟瞰图

空间布局

辛集园由两栋建筑组成，一栋是童话城堡，以梦幻为主题，汇集科普教育、互动探险、商业经营、儿童小剧场等特色于一体，可以满足科普展示、小型表演、特色教育等功能需求。童话城堡外立面设计为欧式建筑风格，仿照迪士尼睡美人城堡建设，坡屋顶高低错落、层次丰富、色彩非常鲜艳。其建筑面积825平方米，采用框架结构，地上二层，其中，一层为展示及休闲休息空间，二层为儿童趣味活动空间。装修采用绿色节能环保材料。

另一栋是配套服务建筑，建筑整体风格也为中世纪欧洲古城堡风格，造型古典大气，六座尖塔对称布置。其建筑面积2 017平方米，采用框架结构，地上二层，地下一层。大堂悬挂《群婴献瑞图》皮贴画，图中孩童们三五成群、形态各异，周围有花草树木，寓意着子孙满堂、多子多福、万代延续，呈现出一派祥瑞之气，也是对雄安未来发展的美好祝愿。

图4-162 辛集园展馆效果图

图4-163 辛集园展馆演绎小剧场效果图一

图4-164 辛集园展馆演绎小剧场效果图二

图4-165 辛集园展馆大厅效果图

图4-166 辛集园展馆配套服务区效果图

图4-167 辛集园展馆儿童趣味活动区效果图一

图4-168 辛集园展馆儿童趣味活动区效果图二

6. 定州园

基本情况

定州园位于雄安郊野公园东部园区北部，西临沧州园，占地面积约为 1.1 万平方米，建筑占地面积为 1 362 平方米（图 4-169）。

设计主题

定州园以"中山文化与定瓷文化"为主题，主展馆融入贡院的传统美学，提取其中的建筑形式，以对称、叠层为主。展馆中以定瓷为主要展示内容，景观节点结合定州塔以及定州文庙体现定州文化（图 4-170～图 4-173）。

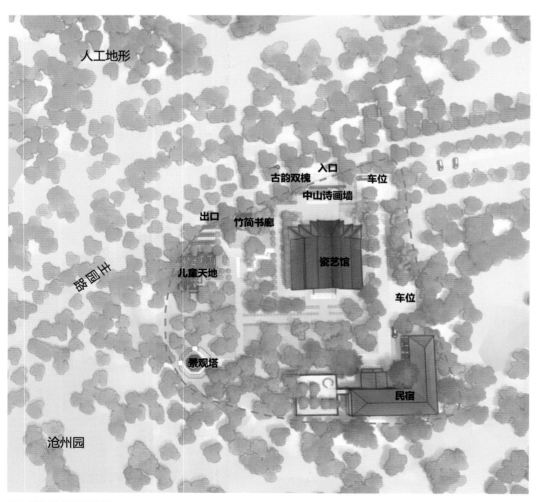

图4-169 定州园平面图

空间布局

瓷艺馆以定瓷为主要展示内容，地上一层，地下一层，主要为定瓷的展、销、做提供空间；配套建设特色民宿，为后期独立运营提供空间。

展园结合贡院里的空间布局，分为建筑使用区和定州塔景观互动区，包含绿植迷宫、竹简书廊、中山诗画墙等景观节点，兼具文教与游玩的双重功能。园区植物以桃花为主，呼应定州林"十里桃花"的意境。

图4-170 定州园鸟瞰图一

特色亮点

瓷艺馆的特色主要体现在建筑上。展馆正中为半四角攒尖结构，殿脊叠涩四层出檐，两侧依次降低，翘起的翼角如翼似飞，结构严谨复杂。后侧入口处为两根雕云龙纹汉白玉柱子，在两柱之间形成一道龙门，含鲤鱼跃龙门之意。建筑外形吸收定州贡院的建筑特色，保持贡院正立面对称、叠层的艺术美感。配套的特色民宿的建筑风格与主展馆保持统一的同时，在室内设置了"定州八景"（开元寺塔、众春园庶、雪浪寒斋、中山后圃、平山胜迹、西溪玩月、唐水秋风、续阅古堂），同时将定州塔复制并设置在园中。定州塔是中国现存的最高大的一座砖木结构古塔，有"中华第一塔"之称，其极具特色的造型以及重要的历史文物价值，可充分体现定州特色。

图4-171 定州园鸟瞰图二

图4-172 定州园展馆效果图一

图4-173 定州园展馆效果图二

绿色城市 美丽家园——雄安郊野公园规划与建设（上册） | 184
GREEN CITY, BEAUTIFUL HOME—PLANNING AND CONSTRUCTION OF XIONG'AN COUNTRY PARK(VOLUME I)

7. 衡水园

基本情况

衡水园位于雄安郊野公园东部湖区北岸，北临定州园，西临廊坊园，东侧与唐山园、辛集园隔河相望，占地面积约 1.7 公顷，建筑面积 5 793 平方米（图 4-174、图 4-175）。

设计主题

衡水园以"衡湖流彩，琴瑟和鸣"为主题，其主体建筑是一座综合水上音乐厅，主要用作音乐展示，辅助功能为会展服务和文化展示，并配以日式餐厅及咖啡店（图 4-176～图 4-181）。

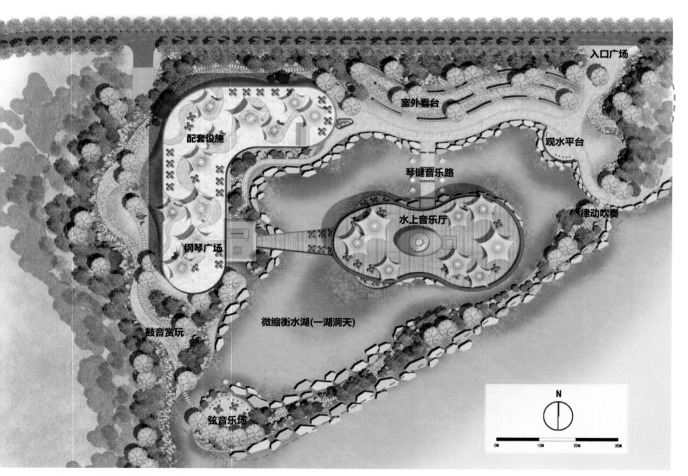

图4-174 衡水园平面示意图

空间布局

衡水园的结构布局为"一湖三带五点区"。"一湖"为衡水湖缩影，展园中心以衡水湖外形为模板规划人工湖，以此象征衡水生态宜居的城市格局；"三带"为高音符号环水带、轴心景观活力带和环湖特色景观带；"五点区"为钢琴广场区、室外看台区、律动吹奏区、弦音广场区和鼓音赏玩区。

特色亮点

（1）取材乐器，中西合璧

景观设计围绕中心的微缩衡水湖水景（中方脉）和乐器文化（西方脉）展开，最终西方脉随中方脉汇入雄安龙形水系。建筑设计灵感来自乐器——吉他；湖上灵动的水上音乐主题展馆、园中秀美的国际主题社区场景充分展现了衡湖流彩、琴瑟和鸣的展园特色景观。

图4-175 衡水园局部鸟瞰图

（2）特定功能，适当拓展

展园设计围绕乐、吹、鼓、弦、唱五大特色展开，充分体现古典与现代的融合；园中选用特色植被点缀，充分体现生活与音乐的融合。建筑的使用功能包括上位规划确定的音乐厅、咖啡厅、日式餐厅、客房等四个主要明确的功能，同时根据展园自身需求，规划设计了休闲、参观和展览等其他可转换的辅助功能。

（3）取材自然，天人合一

景观铺装、景观小品取材以生态自然为主，建筑采用玻璃作为主要立面材料，玻璃和建筑周边的镜面水系映射出周边绿化景观的葱翠，建筑掩映在丛林之中，和周边的景观环境融为一体。

图4-176 衡水园展馆效果图一

图4-177 衡水园展馆效果图二

图4-178 衡水园展馆室内效果图一

图4-179 衡水园展馆室内效果图二

图4-180 衡水园展馆室内效果图三

图4-181 衡水园展馆室内效果图四

8. 沧州园

基本情况

沧州园位于雄安郊野公园城市园区，占地 8 467 平方米，根据公园整体规划打造武术馆及配套设施，并在景观营造上体现沧州的地域文化特色。园内主要包括武术馆（武宗堂）、餐厅等建筑，以及室外的广场和文化展示空间，建筑面积 3 949 平方米，具有 13 个停车位（图 4-182）。

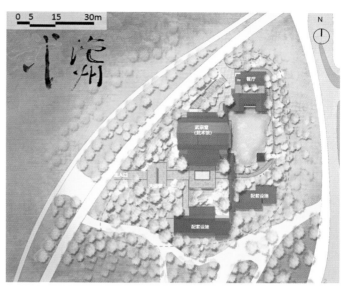

图4-182 沧州园平面图

设计主题

沧州园以"崇文尚武"为主题，通过大运壁、阅微亭等节点表达"文"的风雅，通过武术馆、武术招式墙、木人桩、梅花桩等表达"武"的豪情，打造富有参与性、体验感的沧州园景观，展现沧州精神及风土人情（图 4-183～图 4-194）。

图4-183 沧州园鸟瞰图一

空间布局

沧州园采用传统古典园林自然灵活的布局形式，以连廊连接主体建筑——武术馆、餐厅、客房等，形成"一主三辅"的布局，打造集武术剧场、武术教室、武术体验区、文化交流区、餐饮住宿区等于一体的园林式武术体验场所。

特色亮点

（1）崇文尚武的文化内涵

展园结合沧州地域特色，以抽象化运河为依托，打造大运壁、阅微亭等园林场景，融入武术招式墙、梅花桩、木人桩等特色元素，展现崇文尚武的沧州精神以及运河两岸的风土人情。

（2）独具园林特色的布局

建筑采用灵活分散的园林布局方式，将餐饮、住宿功能从武术馆中分离出来，融入自然环境，使武术馆、餐厅、客房隐匿于园林植物之中，使建筑与自然环境浑然一体，给游客以更加亲近自然的舒适体验。各建筑之间采用风雨廊相连接，保证各功能区的顺畅联通。

图4-184 沧州园鸟瞰图二

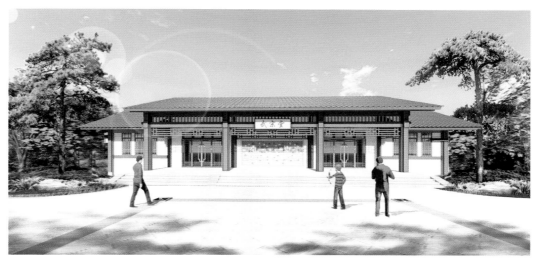

图4-185 沧州园展馆效果图一

图4-186 沧州园展馆效果图二

图4-187 沧州园展馆效果图三

图4-188 沧州园展馆滨水餐厅效果图

图4-189 沧州园大运壁效果图

图4-190 沧州园武术展示墙效果图

（3）主题鲜明的植物配置

　　东部滨湖区域设置具有主题特色的阅微亭花境。阅微草堂是沧州文学家纪晓岚的书斋，是他潜心著书的场所，因此，取"阅微"二字打造阅微亭，展示沧州的人文特色，周边采用菖蒲、千屈菜、水葱、细叶芒等充满乡野气息的观赏草来配置花境，利用其不同的观赏特征实现大小、虚实等的对比，打造自然质朴、充满野趣的花境景观。

图4-191 沧州园阅微亭效果图

图4-192 沧州园展馆室内餐厅效果图

图4-193 沧州园展馆室内展厅效果图

图4-194 沧州园展馆室内舞台效果图

9. 廊坊园

基本情况

廊坊园位于雄安郊野公园东部湖区北岸，与衡水园相接，占地面积约 1.8 公顷，建筑面积 7 500 平方米。展馆定位为文化艺术馆，主要功能以文化艺术为核心，是集文化艺术展览、民俗活动、康养、电子动漫体验于一体的特色展馆，同时具备餐饮、住宿、接待、地下停车等配套设施（图 4-195、图 4-196）。

设计主题

廊坊园以"幸福廊坊，文艺七修"为主题，以廊坊地域文化为创作出发点，展现廊坊城市特色。设计灵感源于廊坊城市名称，并以中式合院传统园林为蓝本，通过提炼、变形总体形成"围廊成坊"的布局，并围绕主展馆布置古韵廊坊、临空腾飞、淀泊风光 3 个人文主题体验空间（图 4-197 ～图 4-202）。

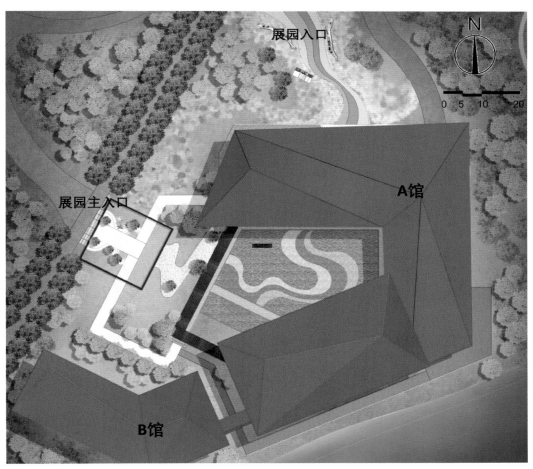

图4-195 廊坊园平面图

空间布局

文化艺术馆为具有现代感、艺术性的新中式风格建筑，其建筑总面积为7 500平方米，分为A、B馆。A馆为文化艺术馆"七修书院"，B馆为"七修精舍"。

展园主入口处的地面采用蜿蜒的水纹做铺装，象征流淌了千年的潮白河与北运河。两侧景墙呈开放迎宾状态，景墙上介绍吕端、孙毅将军等廊坊历史名人，意在发扬其优良的精神，展现廊坊悠久的人文历史。景墙周围分布有层次丰富、色彩多变的景观花境，花团锦簇、百花齐放，表达了对中国共产党百年华诞的美好祝愿。

展馆西侧是展园的入口，"廊坊林"三个字以整石雕刻、厚重大方，其后是苍劲的松林。形状各异、姿态独特的迎客松充满生机，营造出干净素雅的景观。

外庭塑造了临空腾飞景观。景墙上悬挂有大兴机场造型的浮雕，花丛中陈列着姿态向上的白色雕塑，寓意展翅高飞；周边搭配的玻璃砖景观墙组成的云山图案，与临空腾飞主题相呼应，

图4-196 廊坊园鸟瞰图

寓意廊坊的城市发展将在大兴国际机场及临空经济区的规划建设下实现跨越式腾飞。

穿过月洞门进入内庭，眼前豁然开朗，一泓碧水映衬着建筑、古树，营造出"山、水、景"交融的景象，禅意幽静，别有洞天。在连廊下，可穿行其中，移步异景，体验别样的乐趣；也可静坐于此，洗涤喧嚣，享受安然与闲适。绿植中布置雾森系统，冉冉升起的雾气使人仿佛步入仙境。

配套服务设施采用落地窗，驻足窗前便可欣赏自然美景。水岸种植丰富的水生湿生植物，如花叶芦竹、千屈菜等，还原水乡自然生态风光，是廊坊作为东淀区和白洋淀一脉相承的原生态文化的表达。

图4-197 廊坊园入口效果图

图4-198 廊坊园展馆效果图

图4-199 廊坊园展馆室内效果意象图（乐修，沉浸式动漫体验空间）

图4-200 廊坊园展馆室内效果意象图（德修）

图4-201 廊坊园展馆室内效果意象图（功修）

图4-202 廊坊园展馆室内效果意象图（食修）

10. 张家口园

基本情况

张家口园位于雄安郊野公园东部湖区北部，东临沧州园，南接廊坊园，占地面积约 2.1 万平方米，建筑面积 9 600 平方米。其中地上建筑面积 6 100 平方米，地下建筑面积 3 500 平方米。地下一层主要用作车库，局部设置了篮球场兼羽毛球场；建筑首层分别设计了室内真冰滑冰场、室内游泳池，二层有餐厅（图 4-203、图 4-204）。

设计主题

张家口园以"大好河山张家口、塞上明珠冬奥城"为主题，打造以绿色发展为核心、突出生态自然理念的体育馆。

图4-203 张家口园平面图

绿色城市 美丽家园——雄安郊野公园规划与建设（上册） | 200
GREEN CITY, BEAUTIFUL HOME--PLANNING AND CONSTRUCTION OF XIONG'AN COUNTRY PARK(VOLUME I)

图4-204 张家口园鸟瞰图

空间布局

张家口园总体布局模拟张家口的山水地形，展现张家口坝上坝下独特的地理风貌，覆土建筑结合地形，形成高低错落的"坝上坝下"空间格局。建筑内部的装修风格为简约现代风，主要彰显场馆的空间感，并以极富韵律的天花装饰凸显其运动感（图4-205～图4-210）。

篮球场兼羽毛球场：采用建筑网架、木质自然结构，利用光与剪影（剪纸艺术）的结合，通过序列组合，赋予运动场柔和质朴的自然环境。

室内滑冰场：采用建筑网架，借助雪花的形态做自然渐变，通过序列组合，利用石材的自然纹路，结合光的感官作用（打树花），削弱滑冰场的冰冷感。

图4-205 张家口园展馆室内篮球场效果图

图4-206 张家口园展馆室内冰场效果图

图4-207 张家口园展馆效果图一

图4-208 张家口园展馆效果图二

室内游泳池：建筑模拟蓝天白云，借助镜子的折射及进深关系，采用对称序列组合，利用岩石的自然质朴纹路，将游泳馆空间延伸，同时将水与天空连成一片。

　　餐厅：利用柚木特有的直线纹路、地面人字拼木地板，结合建筑预制水磨石墙面，营造空间简单又优雅的就餐环境。

图4-209 张家口园室外足球场效果图

图4-210 张家口园服务中心效果图

11. 石家庄园

基本情况

石家庄园位于雄安郊野公园河北展园的西南侧，东临雄安园，南接邢台园，与雄安主场馆和邯郸园隔湖相望，占地面积 1.5 公顷，建筑面积 8 600 平方米，地上两层的建筑面积为 4 400 平方米，地下一层的为 4 200 平方米，主体建筑为集餐饮、宴会、会议、住宿、展览于一体的综合服务楼（图 4-211、图 4-212）。

设计主题

石家庄园总体定位为"红色圣地，燕赵名城"，以西柏坡革命精神为主题，打造红色经典主题公园。

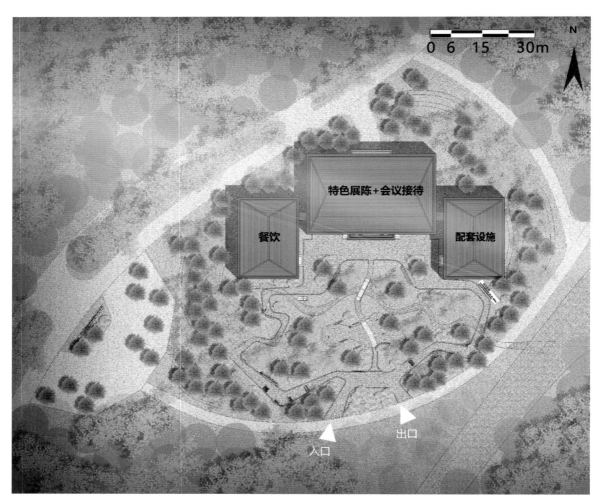

图 4-211 石家庄园平面图

图4-212 石家庄园鸟瞰图

空间布局

展馆地上建筑分为主楼和东西配楼共3座主要建筑，其中主楼总高度14.5米，东西配楼总高度12.3米，按公共建筑二星绿色建筑设计。主楼一层具有可容纳200人的多功能会议室、接待大堂，二层为特色展陈区；西配楼是配套服务设施，东配楼为餐厅，主要功能为餐饮，一楼为可容纳100人的宴会厅及其配套用房，二楼为7间餐饮包间。展馆地下建筑总体考虑了12个展园的人防工程建筑指标，平时为机动车库和设备用房，人防工程抗力等级为核五常五，战时功能为二等人员隐蔽工程，防化级别为丙级，耐火等级为一级。人防工程兼作地震应急避难场所，设2部疏散楼梯，设停车位78个。

展园院落硬质铺装面积为2690平方米，绿化面积为9414平方米，水景面积为550平方米。展园沿路种植粉黛乱子草来呼应红色主题文化，突出红色纪念主题；以银杏林为基调树种，体现庄重肃穆的空间氛围。园区采用组团与片林结合的种植方式，组团主要采用乔灌草组合的形式；片林主要为银杏林，底部种植粉黛乱子草、地被菊、八仙花等植物。园区共栽植苗木530株，绿化苗木主要为油松、紫荆、云杉、国槐、银杏、雪松等；地被面积8500平方米，地被植物主要为丰花月季、女贞、黄杨、绣线菊、麦冬等。整体的绿化主要营造庄重、细腻、静谧的景观氛围。

特色亮点

石家庄园设计圆梦之路、胜利之门、古城掠影等 14 个景观节点（图 4-213、图 4-214）。

古城掠影包括风动碑、广惠寺塔、开元寺须弥塔、兴隆寺、文庙、荣国府、赵云庙、崇因寺藏经阁、天宁寺塔、临济寺塔。

图4-213 石家庄园展馆效果图一

图4-214 石家庄园展馆效果图二

12. 承德园

基本情况

承德园位于雄安郊野公园东部园区，东临邢台园，占地面积约 9 000 平方米，其中，绿地面积 6 326 平方米，建筑面积 1 925 平方米，水系面积 697 平方米。展园内部分为庭院区和鹿苑区，庭院区建筑由正殿、东厢房、西厢房、南门房组成。鹿苑区建筑由鹿舍、北门房、地下停车场组成（图 4-215）。

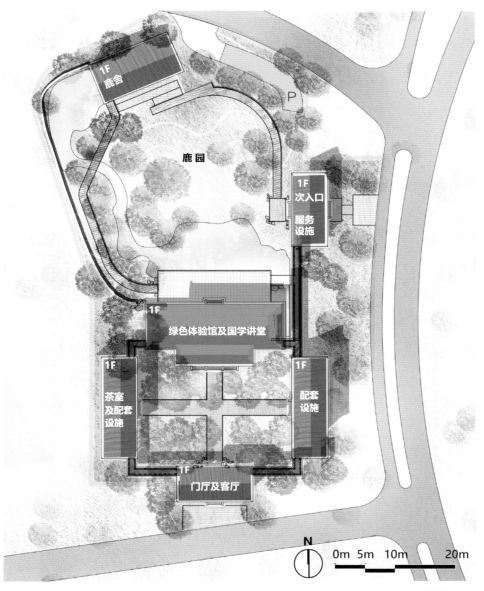

图4-215 承德园平面图

绿色城市 美丽家园——雄安郊野公园规划与建设（上册） | 208
GREEN CITY, BEAUTIFUL HOME—PLANNING AND CONSTRUCTION OF XIONG'AN COUNTRY PARK(VOLUME I)

设计主题

承德园以"北式园景·山围鹿鸣"为主题。其中，"北式园景"展现的是中国传统北方园林气势恢宏、稳重质朴、自然纯真的典型园林景观风貌。"山围鹿鸣"体现了北方别苑中独特的山林园林景致。游人徜徉于山间雅居之间，可体验驯鹿林间的优美环境，感受居于自然环境之中的舒适。承德园通过对人生活场景与大自然的有机结合，不仅表达了中国人的山水情怀和对传统园林生活的追求，也呈现出中国哲学对自然山水的向往（图4-216）。

空间布局

"北园迎煦"景区是以山林园林为特色的院落景观，呈现敦厚质朴的园林建筑场景。"北园"指的是采用北方传统园林院落制式的院落建筑景观。"迎煦"意指院落面南，迎接自南而来的清朗气爽之风。建筑院落仿照承德避暑山庄"康熙三十六景"中的第四景"延薰山馆"建造。整体对中央主殿和东西两座配殿进行院落设计。

"长林鹿鸣"景区展现的是赏鹿于高林丰草下，闲庭于流溪山径之旁的意境。整体空间模拟鹿群生活的自然生境，给人空旷豁达的空间感。此处的园林景观复刻了避暑山庄的万树园，呈现上层乔木、下层草地的乔草自然环境，主要种植的植物有丛生蒙古栎、元宝枫等色叶大乔木，西府海棠、云杉等小乔木，以及棣棠、木本绣球等灌木，营造出丰富的季相景观，最终形成高林与丰草相互掩映的景观风貌。

布展区域位于承德园主殿内，分别为绿色生态展厅、承德市满族非物质文化遗产精品展厅和非遗研学讲堂三个部分。

绿色生态展厅 展出山庄文化、承德玉、民间手工艺3个系列60件文创产品，将文创产品

图4-216 承德园鸟瞰图

作为有形载体来表达与传递无形的承德文化，让游客通过购买与消费文创产品，真正把承德文化带回家，从而在更广阔的范围与更深远的层次传播承德文化，实现对潜在旅游消费市场的有效带动与转化。

承德市满族非物质文化遗产精品展厅 遴选了承德市传统手工技艺类非遗项目的部分精品力作，主要有滕氏布糊画、丰宁满族剪纸、满族升斗刻词等，通过非遗精品展示，让更多的人了解非物质文化遗产是文化绵延和历史变迁的最好见证，是维系心灵、构成文化认同的力量源泉，唤起传统文化的生命力，让古代先贤的情怀、智慧能在时代语境里观照当下，赋予今人以积极的思考和正能量。保护和利用好非物质文化遗产，对于坚定文化自信、构建"生态强市，魅力承德"具有不可忽视的作用。

非遗研学讲堂 讲堂设立了由传统手工技艺类非遗项目的代表性传承人开展的现场展示和公益讲座，邀请丰宁满族剪纸、布糊画、满族传统木作技艺和铁艺宫灯方面的4名传承人进行现场技艺展示，同时还展出了承德市丰宁满族剪纸国家级和省级代表性传承人的剪纸作品及开展非遗+扶贫以及非遗助力乡村振兴工作中成立的非遗就业工坊中的部分学员的作品。展厅的设立主要是为了促进非遗项目的传承、加强非遗知识的普及，让广大观众亲自体验、深入了解非物质文化遗产的知识和理念，体验非物质文化遗产多彩的艺术魅力，进一步增强广大群众对非物质文化遗产的保护意识，激发广大群众的积极性和创造性，正确引导人们保护和传承非物质文化遗产。

特色亮点

承德园体现着传统，也包含着新时代的创新。在传统层面，其通过对避暑山庄这一承德典型园林景观的演绎，展现中国传统文化的最高境界，传递传统文化中最富生命力的精神。在创新层面，展园表达了新时代习近平生态文明思想，表现了塞罕坝精神在现代绿色生态环境治理中的新内涵。传统与创新相互融合，展园呈现出城市、自然与人之间和谐共生、美美与共的园林景观，展现生态强市、魅力承德的独特风貌（图4-217、图4-218）。

图4-217 承德园鹿苑效果图　　　　　　　　　　　图4-218 承德园展馆效果图

13. 邢台园

基本情况

邢台园位于雄安郊野公园东部园区的西部，西靠承德园，北临石家庄园，与保定园、邯郸园隔河相望，占地面积 1.96 公顷，建筑面积 5 120 平方米（图 4-219～图 4-221）。

设计主题

邢台园以"治未病"为目的，打造中医药养生馆，定期聘请国医大师，线上线下宣传中医文化，主要包括中医传统理疗、禅静修心、素食餐饮等内容。

空间布局

邢台园突出中国传统建筑及文化的设计思想，打造中医药国医馆，整体上沿袭中国传统造园理念，以组团院落式布局手法，形成"一楼多馆"的格局，以中式建筑形态衬托国医药文化。展园内的展馆有扁鹊国医馆、子仪驻颜馆、子游回春堂、子术五味馆、子明百草堂、四诊堂、

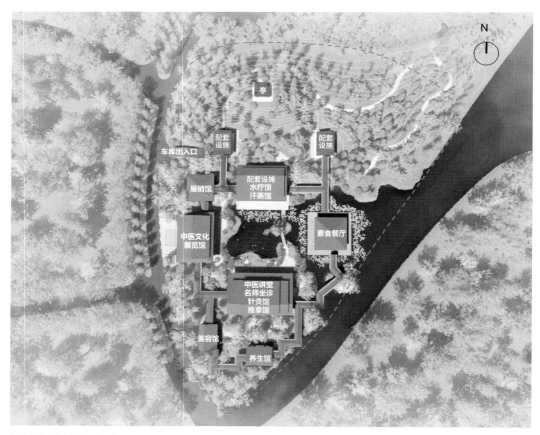

图4-219 邢台园平面图

图4-220 邢台园鸟瞰图

图4-221 邢台园展馆鸟瞰图

杏林精舍、蓬山居、鹊山居等多个馆所。邢台园以中国传统"造山理水"的造园手法对场地重新进行了梳理，使建筑组团形成靠山面水的传统格局。建筑组团间通过围合形成了多种院落组团。其中，在建筑之间增加水系"上池"来展现园林的空间美感，以"鹊湖桥"连接"扁鹊国医馆"和"杏林精舍"，以此来体现园林的整体性。在整个园林的北侧建立微地形，在山上建造"河照亭"，使游客能在山亭上整体观览展园的美景。"河照亭"的名称来自唐张仲素诗句"横接河流照，低将夜色残"。另外，此地原为南河照村，故以此亭作为对原村落的纪念，寄托乡愁。

特色亮点

邢台园分别在园林、建筑、内装等方面的设计中重点突出了中国传统园林与中医药文化的特点，并进行了融合，以中式建筑形态衬托国医药文化。在园内植物配置上，多选用适应本土生长并具有邢台地域特色的药用类植物，突出了展园整体的设计理念。展园的核心功能为中医讲堂和中医药成果展示，具有汗蒸、水疗、推拿等中医养生功能和住宿餐饮功能，延伸功能主要有中医传统理疗和禅修静心（图 4-222～图 4-226）。

图4-222 邢台园展馆效果图一

图4-223 邢台园展馆效果图二

图4-224 邢台园展馆中医文化展览馆效果图

图4-225 邢台园展馆中医讲堂效果图

图4-226 邢台园展馆养生馆效果图

14. 保定园

基本情况

保定园位于雄安郊野公园东部园区南部，雄安园西南方向，西侧为郊野公园主要水系，与邢台园隔水相望，东北侧毗邻邯郸园，占地面积 1.5 公顷，建筑面积约 4 080 平方米，包括地上面积 2 080 平方米，地下 2 000 平方米（图 4-227、图 4-228）。

设计主题

保定园继承保定"莲池书院"文脉，以莲池书院、古莲花池为主要参考依据，使用传统园林空间的经典处理手法，将入口到万卷楼的主轴线作为主要布置轴线，沿轴线左右布置相应功能建筑及公共景观节点，形成"一个文化轴线，两个水系中心，一条南北向文化主轴与数条东西向景观轴线相互交错，串联起四大主要建筑单体"的整体格局，重塑"莲池书院"的风貌（图 4-229、图 4-230）。

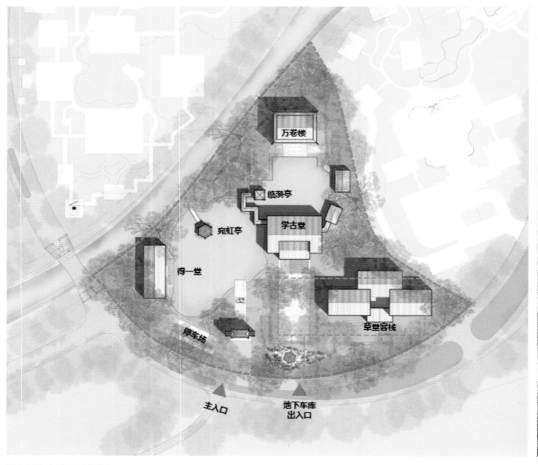

图4-227 保定园平面图

空间布局

保定园总体布局学礼区（得一堂、万卷楼、学古堂）、辅助功能区（物业用房、公共卫生间）和生活区（住宿区、地下食堂、餐厅）三大片区。建筑融入清代皇家园林建筑古莲花池的特色，从保定传统书院文化出发，以"莲池书院"为原型，结合古莲花池内传统文脉印象，以国学展示及实践教育为内容打造全新的国学教育及展示基地，主要培训内容包括国学经典、文化实践（活字印刷、陶艺）、传统艺术和民俗文化教育等。

图4-228 保定园鸟瞰图

绿色城市 美丽家园——雄安郊野公园规划与建设（上册） | 216
GREEN CITY, BEAUTIFUL HOME—PLANNING AND CONSTRUCTION OF XIONG'AN COUNTRY PARK(VOLUME I)

特色亮点

万卷楼建筑形制参考原莲池书院藏书楼（清代四面建筑），首层四周设挑檐，二层屋顶为硬山顶。学古堂的整体建筑设计参考清代皇家园林建筑莲池书院的相关建筑，设置歇山卷棚顶，红漆灰瓦，搭配蓝绿色装饰构件，显得恢宏大气。得一堂建筑形制参考原莲池书院建筑，硬山顶，入口处设置挑廊，增加空间层次，建筑延续郊野公园内主要建筑红漆灰瓦的色彩配置，搭配蓝绿色调装饰构件。

在整体景观设计上，保定园充分遵循中国古代北方园林的设计手法，以中轴线贯穿整个展园，同时连接主要的功能建筑，并在展园中重塑宛虹亭这一经典文脉形象，结合满池莲花，打造新的莲池盛景（图4-231～图4-234）。

图4-229 保定园展馆学古堂效果图

图4-230 保定园展馆草堂客栈效果图

图4-231 保定园展馆得一堂效果图

图4-232 保定园展馆万卷楼效果图

图4-233 保定园展馆国学讲堂效果图

图4-234 保定园展馆图书馆效果图

15. 邯郸园

基本情况

邯郸园位于雄安郊野公园东部园区南部，与雄安园隔水相望，占地面积 1.7 公顷，建筑面积约 7 974 平方米（图 4-235）。

设计主题

邯郸园以邯郸战汉文化为主题，打造中式生态配套服务设施，沿袭传统造园理念，形成"西宅东园"的格局。

❶ 入口
❷ 地下车库入口
❸ 大堂
❹ 配套设施
❺ 餐厅
❻ 中心水庭
❼ 亲水平台
❽ 冰井亭
❾ 回车场地
❿ 铜雀馆
⓫ 金凤轩
⓬ 将相阁
⓭ 游船码头
⓮ 类湖石假山
⓯ 磁山花园
⓰ 对景瀑布
⓱ 骑射亭
⓲ 邯郸园入口
⓳ 竹林
⓴ 插箭岭
㉑ 聚贤堂
㉒ 成语文化长廊
㉓ 采石亭
㉔ 石拱桥
㉕ 七步桥
㉖ 紫山石假山
㉗ 紫峰亭
㉘ 紫云湖
㉙ 溢泉湖
㉚ 停车场

图4-235 邯郸园平面图

空间布局

"西宅"为园林式配套服务设施，包含一幢主楼和两幢配楼；"东园"为古典式园林，包括紫云湖、溢泉湖、聚贤堂、据胜楼、骑射亭、铸箭亭、成语文化长廊等园林景观建筑。

特色亮点

邯郸园借鉴杭州西湖国宾馆设计理念，设计精细，造型典雅，施工工艺、工序复杂程度高（图4-236～图4-243）。

图4-236 邯郸园鸟瞰图

图4-237 邯郸园展馆鸟瞰图

图4-238 邯郸园展馆入口效果图

图4-239 邯郸园展馆紫云湖效果图

图4-240 邯郸园展馆水庭夜景效果图

图4-241 邯郸园展馆游船码头冬景效果图

图4-242 邯郸园展馆水庭效果图

图4-243 邯郸园展馆展厅效果图

5

第 5 章

众规众创 开放包容

5.1

开门编规划 众智绘蓝图

为落实高起点规划、高标准建设雄安新区的总体要求，坚持"中西合璧、以中为主、古今交融"的建筑风貌，围绕建设"蓝绿交织、清新明亮、水城共融、绿色生态宜居新城"的目标，河北省林业和草原局（以下简称"省林草局"）和河北雄安新区管理委员会（以下简称"新区管委会"）作为雄安郊野公园规划建设统筹管理单位，构建了多方共同参与的工作格局。"开门编规划、众智绘蓝图"，雄安郊野公园理想画卷的描绘是群策群力的成果。

1. 责权分工清晰明确的组织保障

按照组织机构层级明晰、责任分工明确到位、政府与企业服务结合的原则，河北省组建了以省林草局、新区管委会、原河北雄安新区规划建设局（以下简称"原新区规建局"）、河北雄安绿博园绿色发展有限公司（以下简称"绿博园公司"）为核心的组织保障机构。其中，省林草局全面负责郊野公园的总体策划和组织协调工作，制定各项计划方案，组织筹备工作及施工建设的实施，全面协调省11个地级市及定州市、辛集市相关部门。新区管委会承担郊野公园规划建设的具体组织、服务、接待等工作，组织雄安新区各部门 [原新区规建局、综合执法局、河北雄安新区规划研究中心（以下简称"规研中心"）、容城县、雄安集团等] 协同作战，负责土地移交和村庄拆迁、公共区域配套设施建设、各市进场施工、疫情防控等工作。同时，原新区规建局、规研中心、河北雄安新区建设工程质量安全检测服务中心（以下简称"质安中心"）面对各市组建"一对一"工作专班，加强服务对接机制。原新区规建局、规研中心负责落实郊野公园的总体规划、控制性详细规划，统筹城市林及城市园的设计方案，完成各项审批工作，协调现场施工，专项督导建设。绿博园公司作为郊野公园用地的接收单位，负责施工现场的对接、组织和协调，以及项目投运后的资产运营和管理。

2. 众绘联创的协作模式

2019 年 7 月，雄安郊野公园总体规划编制工作正式启动。按照"统一总体规划、统一质量标准、各市分片负责、分步推进实施"的原则，编制工作采取"1+1+1+14"的组织架构模式，即省林草局和新区管委会 + 总规划师单位 + 控详规编制单位 + 各市风景园林设计单位。这是一个庞大的多专业联合团队，也是一个众绘联创、前后联动、统筹规划、统一设计、统一实施的协作过程。除各级政府部门外，共有来自规划、生态、水利、水文、景观、生态、建筑、交通、市政、运营等领域的 25 家专业技术单位、百余名专业技术人员参与工作。

由省林草局和新区管委会组织，北京北林地景园林规划设计院（以下简称"北林地景"）作为总规划师单位，前期经过充分论证，明确了郊野公园的总体定位、空间布局、规划结构、分区意象等。天津市城市规划设计研究总院（以下简称"天规院"）作为控详规编制单位，完成用地规划、竖向排涝、道路工程、市政综合、智慧城市、综合防灾等专项规划编制工作，并将成果纳入总体规划，完善规划体系。总规划师单位与控规单位通力合作、上下联通，最终形成一张稳定的郊野蓝图。

郊野公园的规划设计严格贯彻"一张蓝图干到底"的思想，强化顶层设计的重要性。在总规划师单位的统筹下，14 家风景园林设计单位以"整体统一、各具特色"为原则，聚焦一张蓝图，进行二次深化创作。在这个过程中，总规划师单位与 14 个分园设计团队多次对接，加强了总园与分园、分园与分园的衔接，使郊野公园既保证了设计风格的多样性，又保证了总体结构的统一性。同时，总规划师单位利用综合管理的平台，协调解决各阶段设计过程中出现的专业交叉、工序交叉等技术难点，实现了"保进度、促协调、高品质"的工作目标。

3. 全过程的专家咨询及多方征询机制

为进一步落实雄安高质量发展要求，省林草局和新区管委会对郊野公园的规划方案进行多次专家评审论证及多方征询工作，邀请来自规划、市政、林业、园林、生态、建筑、水利等领域的专家组成专家委员会，全程跟踪指导郊野公园的众创设计与建设实施，分别为总体规划、14 个分园设计、控详规、市政综合、城市园等提供专题咨询，并对其进行技术把关，这为扎实推进郊野公园建设提供了强有力的技术保障；同时，积极向全国绿化委员会及河北省 11 个地级市和定州市、辛集市征询意见，融各方之建议，不断更新完善方案，确保规划的科学性、合理性和可操作性。

倏忽两载，躬耕前行，郊野公园经过两年的规划建设，历经淬炼，焕发新颜。这是集多方智慧、博采众才、共绘画卷的宝贵历程，是践行新发展理念雄安路径的见证。

项目参与团队 （图 5-1 ～图 5-18）

河北雄安新区规划研究中心

北京北林地景园林规划设计院有限责任公司

天津市城市规划设计研究总院有限公司

中国建筑设计研究院有限公司

上海市政工程设计研究总院（集团）有限公司

中国市政工程东北设计研究总院有限公司

北京市水利规划设计研究院

北京市建筑设计研究院有限公司

中国中建设计集团有限公司城乡与风景园林规划设计研究院

中国中建设计集团有限公司

北京市园林古建设计研究院有限公司

北京林业大学

中国美术学院风景建筑设计研究总院有限公司

冀北中原园林有限公司

国家林业和草原局产业发展规划院

天津市大易环境景观设计有限公司

北京易景道景观设计工程有限公司

京林风景（北京）规划设计咨询有限公司

河北建筑设计研究院有限责任公司

华诚博远工程技术集团有限公司

国策众合（北京）建筑工程设计有限公司

上海市城市建设设计研究总院（集团）有限公司

河北建设勘察研究院有限公司

图5-1 河北雄安新区规划研究中心　　　　　　　图5-2 总规划单位：北京北林地景园林规划设计院有限责任公司（组图）

图5-3 天津市城市规划设计研究总院有限公司　　　图5-4 中国建筑设计研究院有限公司　图5-5 上海市政工程设计研究总院（集团）有限公司

图5-6 中国市政工程东北设计研究总院有限公司　　　图5-7 中国中建设计集团有限公司城乡与风景园林规划设计研究院

图5-8 中国中建设计集团有限公司　　　图5-9 北京市园林古建设计研究院有限公司　　　图5-10 中国美术学院风景建筑设计研究总院有限公

图5-11 冀北中原园林有限公司

图5-12 天津市大易环境景观设计有限公司

图5-13 北京易景道景观设计工程有限公司

图5-14 河北建筑设计研究院有限责任公司

图5-15 华诚博远工程技术集团有限公司

图5-16 国策众合(北京)建筑工程设计有限公司

图5-17 河北建设勘察研究院有限公司

图5-18 众规众创 开放包容

5.2

规划报批 公众参与

1. 控规报批情况

在《河北雄安郊野公园控制性详细规划》的编制过程中，规划团队始终注意听取国内行业权威专家的意见建议，及时征求河北省委雄安新区规划建设工作领导小组办公室和河北省自然资源厅的意见，并将这些指导意见充分吸收采纳到成果之中。

2020 年 2 月，新区管委会启动了《河北雄安郊野公园控制性详细规划》的编制工作，组织天津市城市规划设计研究总院开展工作；历经 6 个月的编制，形成了《河北雄安郊野公园控制性详细规划》初步成果。

2020 年 8 月 13 日，《河北雄安郊野公园控制性详细规划》经新区党工委会议审议通过；8 月 21 日，省委雄安办提出审查意见；8 月 27 日，经专家评审会审议通过；9 月 20 日，省委雄安办牵头征求省自然资源厅与省林草局意见，规划编制单位逐条落实完善；9 月 28 日，省政府批示《河北雄安郊野公园控制性详细规划》由新区按程序批复。

2. 控规公示情况

按照《中华人民共和国城乡规划法》的有关要求，2020 年 10 月 27 日至 11 月 25 日，雄安新区开展了《河北雄安郊野公园控制性详细规划》的规划公示工作（图 5-19），共征求社会意见 93 份。规划编制单位对意见进行了逐条甄别梳理，充分吸收了有价值的意见建议，重点对增设体育设施、全龄友好、动物栖息等内容进行了完善，形成了报审成果。

图5-19 市民观看郊野公园相关文件公示场景

3. 控规成果批复

2020 年 12 月 29 日，河北雄安新区管理委员会正式批复《河北雄安郊野公园控制性详细规划》，郊野公园控规编制完成。

4. 成果录入 BIM 管控平台

雄安郊野公园控规成果 BIM2 数据于 2021 年 2 月依据《雄安新区规划建设 BIM 管理平台数据交付标准（试行）》（规划篇）开展数据建库工作，于 2021 年 3 月完成并提交至原新区规建局质检审查。BIM2 成果数据落实雄安郊野公园规划管控要求，深入对接雄安新区规划建设 BIM 管理平台，保障了数据与平台的交互。BIM2 成果是项目立项、用地预审及出具规划条件、选址意见书、建设用地规划许可证等的基本依据；同时 BIM2 成果是贯彻落实纲要"一张蓝图干到底"，加强规划监督评估、强化规划刚性约束的总体要求，也是推进雄安新区数字化、智能化城市规划建设的重要一环。

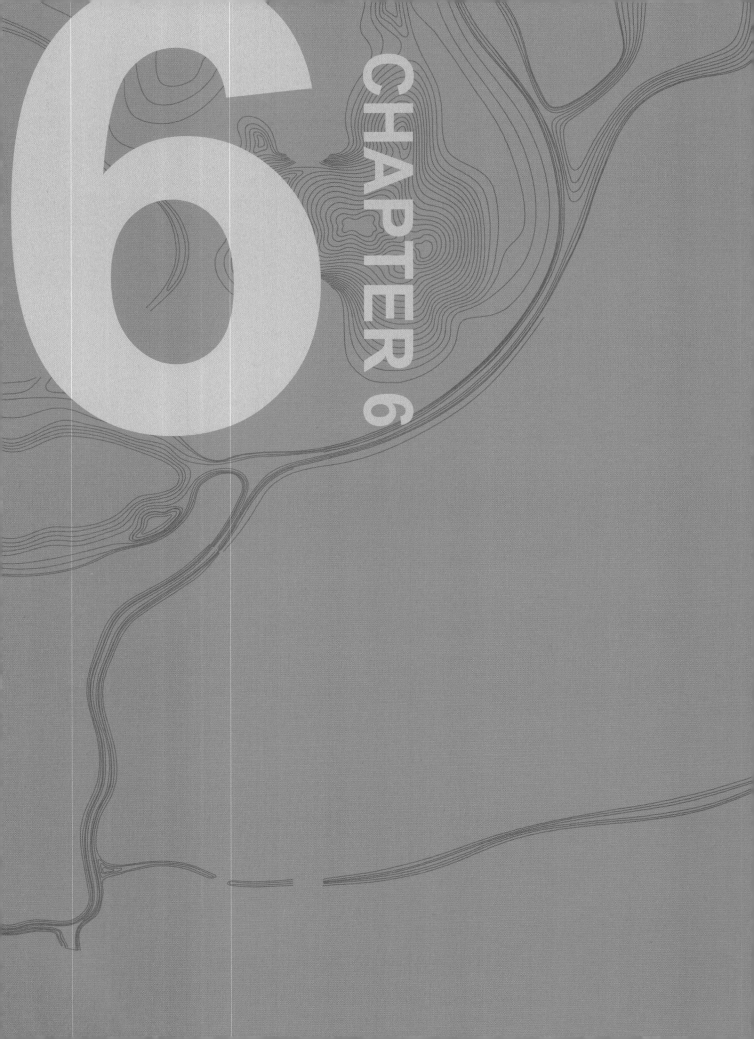

6

第 6 章

小结

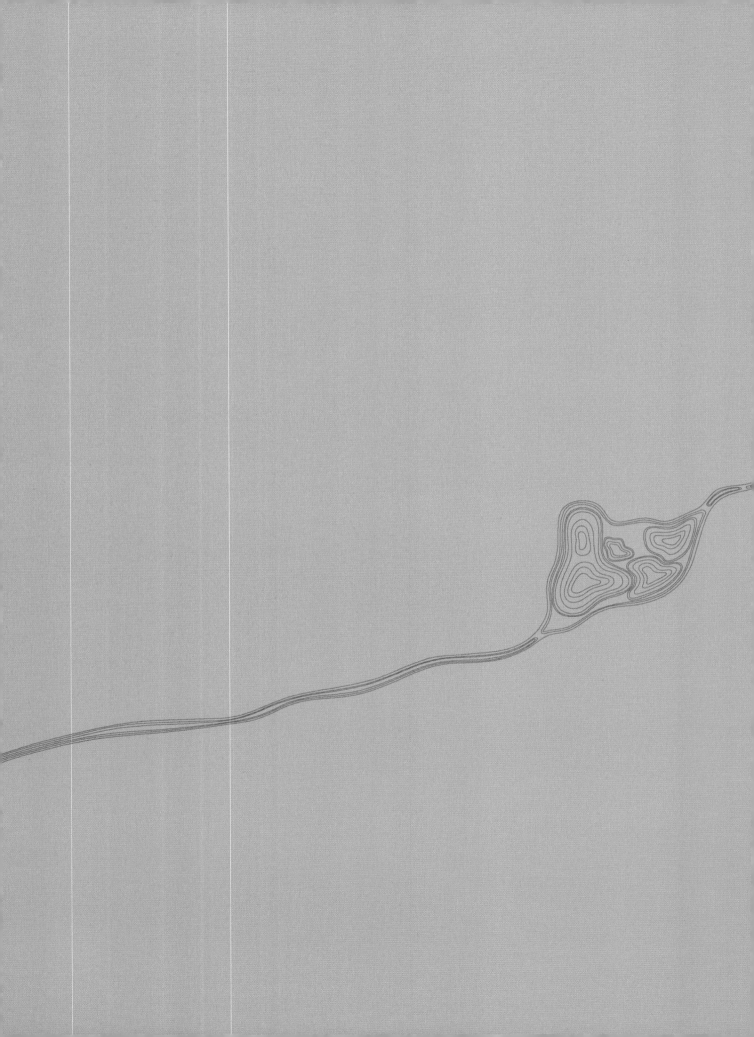

6.1

高标准绘制一张蓝图

　　雄安郊野公园聚焦"中华风范、淀泊风光、创新风尚"的总体要求，以"生态雄安"为主题，坚持"雄安质量"，着力打造生态文明的雄安样本、燕赵大地的文化长廊、雄安北部的森林屏障。

　　省林草局、原新区规建局、新区规划研究中心统筹规划编制工作，由北林地景作为总规编制单位，以彰显中华基因、传承园林文化为指导思想，打破各市分区界限，统一规划，以南拒马河生态堤、中华文明轴、龙形水系、京雄高速等为重要结构元素，营造森林与城市共生的北方大型郊野公园；同时，统筹协调规划、市政、交通、水利、建筑、景观、智能、运营等多专业多团队，高标准绘制雄安郊野公园的一张总蓝图。

6.2

高质量编制专项设计

在一张蓝图的指导下，由北林地景、天规院、中国建筑设计研究院、上海市政工程设计研究总院、北京市水利规划设计研究院等多专业团队术业专攻，共同编制形成水系水岸、海绵城市、种植规划、道路交通、市政工程、智能城市、桥梁设计、服务设施、应急避难、会后利用等多个专项设计，进一步指导雄安郊野公园的下一步实施建设。

水系专项 构建"三河、四湖、多溪"的水系格局，按照"有水则湿、无水则林"的原则，以湿地生境修复和生态保育为目的设计水系空间结构，河湖水系互联互通，兼具雨水调蓄、排涝、引水、景观及游憩等功能；划分常水位水系和季节性水系，水系总调蓄量达 75 万立方米，可实现园区内涝水不外排，确保下游城市水安全。

种植专项 将生态林、景观林、经济林相结合，以常绿林为底，构建森林生态基底；以春花林、秋叶林增色，提升景观品质；以花果林点缀，增添游览趣味，全力打造"三季有花、四季有绿、两季有果、景色各异"的森林景观。

道路交通 与公园景观相协调，合理布局区域道路系统、公共交通系统、慢行交通系统及各类交通设施，倡导绿色出行，全面实施无障碍环境设计，推进交通基础设施数字化和交通运营服务智能化，打造"二横八纵"的骨干路网体系、"三主十副"的出入口体系及三级园路系统，构建便捷、安全、绿色、智能、经济的交通系统。

市政工程 实现多水源、高品质集约供水，供水系统与周边城镇互联互通；实行雨污分流制的排水体制。高标准收集处理污水并再生利用；因地制宜，采用集中和分散相结合的方式，保障清洁能源供应，构建多能互补的综合能源集成供应体系；全面实施垃圾分类投放、分类收集、分类运输、分类处理与资源回收利用。

智能城市 坚持智能城市与现实城市同步规划、同步建设，布置智能基础设施，重点建设高速、移动、安全、泛在的新一代信息网络通信设施，构建城市传感网络和统一接入、统筹利用的数据融合共享体系，增强关键智能基础设施和数据资源安全防护能力，形成虚拟空间和现实空间相互映射、虚实融合的数字镜像城市，实现现实城市与数字城市、智能城市协同并进发展。

服务设施 按照郊野公园功能需求，规划雄安主展馆、2 处一级服务中心、28 处二级服务中心、28 处三级服务中心及各类展馆，满足游客的一站式服务需求。

6.3

高水平打造14片城市林与城市园

根据雄安郊野公园的总体规划要求，按照"整体统一、各具特色"的原则，在一张蓝图确定的总体定位、主题意象、空间结构、种植规划等的基础上，北林地景、中国美术学院、北京林业大学、中国建筑设计研究院、北京古建院、中国中建设计集团、河北建筑设计研究院等多家景观及建筑院共同高水平完成14片城市林及东部14个城市园的规划设计。

1. 以"雄安质量"建设城市林

"雄安质量"是雄安郊野公园的建设之本。

城市林的规划设计采取"统一规划布局、统一施工设计、分市栽植管理"的模式，打破分区界限，高起点规划建设"三季有花、四季常绿、两季有果、景色优美"的大尺度森林生态景观系统。在南北中轴线两侧，4千米长的银杏大道纵贯南北，夏季郁郁葱葱，秋季金光闪闪；南部多种樱花织就3.5千米长的樱花景观大道；连片海棠、碧桃、山杏、玉兰、丁香等树木组成14片烂漫的春花景观林；混交搭配的黄栌、七叶树、五角枫、金枝槐等树木组成11片色彩丰富的秋叶景观林；以石榴、樱桃、柿子、核桃、山楂等北方特色果树为主，按采摘期混合搭配，形成一区一特色、夏秋两季可采摘的6片花果林；以早园竹、淡竹、紫竹等竹类为主，依水傍湖连片种植8片特色竹林，营造四季皆景、各具特色的景观效果。

万亩秀林郁郁葱葱，雄安郊野公园优选280多种树木和200多种草花地被，约

133 公顷的果林香飘四方，约 333 公顷的常绿林苍翠挺拔，约 40 公顷的竹林清幽雅致。春之春花烂漫、夏之绿意盎然、秋之叠翠流金、冬之梅松傲雪尽在园中展现。

千亩碧波随风荡漾。4 个大小不一的湖泊，犹如琥珀镶嵌在大地之上。15 千米长的龙形水系蜿蜒流淌在万亩秀林之间，蓝绿交织、清新明亮，形成雄安北部最美的生态画卷。

2. 以"雄安模板"建设城市园

让世界了解河北，让河北走向世界，雄安是一个窗口。

城市园的规划设计按照"一站式畅游河北，尽享燕赵风情"的设计理念，坚持"雄安质量、工匠精神"，结合后期运营管理的需求，高质量规划建设"功能聚合、业态多元"的城市园体系：城市园沿东湖而建，以东湖为核心，形成"一湖四片"的组团式布局结构，使 14 个展园既组团成景又各具特色，打造集吃、住、游、购、康养为一体的假日休闲胜地。

展园区秉承"一园一景、一馆多用"的城市园设计原则，规划建设海洋馆、儿童嘉年华、体育馆、武术馆、瓷艺馆、文化艺术馆、水上音乐厅、国医馆、国学馆、科技展示体验馆、鹿苑以及红色文化主题公园等功能场馆，集中展示燕赵大地的秀美风光和历史文化底蕴。各个场馆严格执行雄安新区绿色建筑设计、绿色建材、绿色建造的有关要求，全面执行二星级及以上绿色建筑标准，提高建筑绿色环保水平。

6.4

后 记

　　雄安新区为贯彻落实习近平生态文明思想，践行"绿水青山就是金山银山"理念，雄安郊野公园着眼可持续发展，全力推进实现"五新"目标，形成新形象、建设新功能、发展新产业、聚集新人才、构建新机制，通过吸引社会资本参与后续建设与运营，引入文化、旅游、康养、展览等产业，努力成为宜居宜业、充满活力的绿色生态园区，将雄安新区建设为"妙不可言，心向往之"的典范城市，打造中国式现代化的雄安绿色场景（图 6-1）。

图6-1 雄安郊野公园风光

致谢单位

河北省林业和草原局
石家庄市林业局
承德市林业和草原局
张家口市林业局
秦皇岛市海滨林场
唐山市自然资源和规划局
廊坊市自然资源和规划局
保定市自然资源和规划局
沧州市自然资源和规划局
衡水市自然资源和规划局
邢台市林业局
邯郸市林业局
定州市自然资源和规划局
辛集市自然资源和规划局
中国雄安集团生态建设投资公司
中国雄安集团基础建设公司
河北雄安绿博园绿色发展有限公司
北京北林地景园林规划设计院有限责任公司
天津市城市规划设计研究总院有限公司
中国建筑设计研究院有限公司
上海市政工程设计研究总院（集团）有限公司
中国市政工程东北设计研究总院有限公司
北京市水利规划设计研究院
北京市建筑设计研究院有限公司
中国中建设计集团有限公司城乡与风景园林规划设计研究院
中国中建设计集团有限公司
北京市园林古建设计研究院有限公司
北京林业大学
中国美术学院风景建筑设计研究总院有限公司
冀北中原园林有限公司
国家林业和草原局产业发展规划院
天津市大易环境景观设计有限公司
中外建工程设计与顾问有限公司
京林风景（北京）规划设计咨询有限公司
河北建筑设计研究院有限责任公司
华诚博远工程技术集团有限公司
国策众合（北京）建筑工程设计有限公司
上海市城市建设设计研究总院（集团）有限公司
河北建设勘查研究有限公司

图书在版编目（ＣＩＰ）数据

绿色城市　美丽家园 : 雄安郊野公园规划与建设.
上册 / 河北雄安新区规划研究中心, 河北雄安新区管理
委员会自然资源和规划局, 河北雄安新区管理委员会建设
和交通管理局编著. -- 天津 : 天津大学出版社, 2023.3
（雄安设计专业丛书）

ISBN 978-7-5618-7206-2

Ⅰ.①高··· Ⅱ.①河··· ②河··· Ⅲ.①城市公园－规
划－设计方案－雄安新区 Ⅳ.①TU984.222.3②TU986.5

中国版本图书馆CIP数据核字(2022)第095720号

高质量发展的雄安之道
绿色城市 美丽家园：雄安郊野公园规划与建设（上册）

河北雄安新区规划研究中心, 河北雄安新区管理委员会自然资源和规划局,
河北雄安新区管理委员会建设和交通管理局编著

GAOZHILIANG FAZHAN DE XIONG'AN ZHI DAO
LVSE CHENGSHI MEILI JIAYUAN
XIONG'AN JIAOYE GONGYUAN GUIHUA YU JIANSHE(SHANGCE)

策 划 团 队　韩振平工作室
策 划 编 辑　韩振平、朱玉红
责 任 编 辑　朱玉红
美 术 设 计　乙未文化、逸凡
封 面 设 计　高婧祎

出 版 发 行　天津大学出版社
地　　　址　天津市卫津路92号天津大学内（邮编：300072）
电　　　话　022-27403647
网　　　址　www.tjupress.com.cn
印　　　刷　北京盛通印刷股份有限公司
经　　　销　全国各地新华书店
开　　　本　889mm×1194mm 1/16
印　　　张　16.5
字　　　数　206千
版　　　次　2023年3月第1版
印　　　次　2023年3月第1次
定　　　价　198.00元